AF311860

TRAITÉ PRATIQUE

VINIFICATION

RECETTES UTILES

ET

MÉTHODES NOUVELLES

PAR

G. CURTEL

DOCTEUR ÈS SCIENCES

PROFESSEUR AGRÉGÉ DE L'UNIVERSITÉ

DIJON

LIBRAIRIE L. VENOT

1, place d'Armes, 1

1899

TRAITÉ PRATIQUE

DE

VINIFICATION

OUVRAGES DU MÊME AUTEUR :

Recherches physiologiques sur la végétation en Norwège. — *Revue générale de Botanique.* 1890.

Zoologie et Anatomie comparée des Invertébrés. — 4 vol. g. in-8°, traduits de l'allemand (A. Lang). Édit. : G. Carré et C. Naud. Paris. 1898.

Recherches physiologiques sur la fleur. — Thèse pour le Doctorat ès-sciences. Édit. : G. Masson. Paris. 1899.

TRAITÉ PRATIQUE

DE

VINIFICATION

RECETTES UTILES

ET

MÉTHODES NOUVELLES

PAR

G. CURTEL

DOCTEUR ÈS SCIENCES

PROFESSEUR AGRÉGÉ DE L'UNIVERSITÉ

DIJON

LIBRAIRIE L. VENOT

1, place d'Armes, 1

1899

PRÉFACE

Ce livre n'a aucune prétention scientifique. Son but est de présenter en langage clair, aussi dépourvu que possible de termes techniques, les connaissances scientifiques nécessaires au viticulteur, pour diriger intelligemment la vinification de sa récolte et comprendre le pourquoi des récents perfectionnements apportés à cette opération.

Le temps est passé, où le viticulteur acceptait aveuglément et sans raisonner les pratiques bonnes ou mauvaises léguées par ses pères. Devant la concurrence étrangère, devant la lutte coûteuse qu'il lui faut soutenir pour défendre son vignoble contre des ennemis trop nombreux, il ne peut plus abandonner au hasard des circonstances la marche de la vinification et en doit guider, modifier à propos l'évolution, savoir enfin corriger les écarts de composition du précieux produit de sa récolte. C'est à ces conditions seulement qu'il tirera de son travail tout le fruit, qu'il est en droit d'en attendre.

Au reste, de nombreux savants, en tête desquels il faut citer notre grand Pasteur, ont patiemment étudié les conditions de la vinification, dévoilé les mystères de la fermentation et des maladies des vins. Aujourd'hui encore, d'habiles œnologistes essaient de perfectionner, simplifier les antiques méthodes, d'assurer aux meilleures conditions possibles de rendement, l'obtention d'un vin indemne de tout défaut, à l'abri de toute maladie. Il est inadmissible qu'un viticulteur intelligent se désintéresse de toutes ces études.

Le but de ce petit ouvrage est précisément de lui donner avec les connaissances nécessaires à l'intelligence de ces perfectionnements, l'exposé succinct, mais précis, des principales modifications apportées par l'expérience aux anciennes pratiques.

G. CURTEL,

Docteur ès sciences,
Professeur agrégé de l'Université.

1er Août 1899.

PRÉFACE

Ce livre n'a aucune prétention scientifique. Son but est de présenter en langage clair, aussi dépourvu que possible de termes techniques, les connaissances scientifiques nécessaires au viticulteur, pour diriger intelligemment la vinification de sa récolte et comprendre le pourquoi des récents perfectionnements apportés à cette opération.

Le temps est passé, où le viticulteur acceptait aveuglément et sans raisonner les pratiques bonnes ou mauvaises léguées par ses pères. Devant la concurrence étrangère, devant la lutte coûteuse qu'il lui faut soutenir pour défendre son vignoble contre des ennemis trop nombreux, il ne peut plus abandonner au hasard des circonstances la marche de la vinification et en doit guider, modifier à propos l'évolution, savoir enfin corriger les écarts de composition du précieux produit de sa récolte. C'est à ces conditions seulement qu'il tirera de son travail tout le fruit, qu'il est en droit d'en attendre.

Au reste, de nombreux savants, en tête desquels il faut citer notre grand Pasteur, ont patiemment étudié les conditions de la vinification, dévoilé les mystères de la fermentation et des maladies des vins. Aujourd'hui encore, d'habiles œnologistes essaient de perfectionner, simplifier les antiques méthodes, d'assurer aux meilleures conditions possibles de rendement, l'obtention d'un vin indemne de tout défaut, à l'abri de toute maladie. Il est inadmissible qu'un viticulteur intelligent se désintéresse de toutes ces études.

Le but de ce petit ouvrage est précisément de lui donner avec les connaissances nécessaires à l'intelligence de ces perfectionnements, l'exposé succinct, mais précis, des principales modifications apportées par l'expérience aux anciennes pratiques.

G. CURTEL,

Docteur ès sciences,
Professeur agrégé de l'Université.

1er Août 1899.

TRAITÉ PRATIQUE

DE

VINIFICATION

CHAPITRE I

Notions générales sur la fermentation alcoolique.

Écrasons des fruits, groseilles ou raisins, dans un vase et abandonnons à l'air le liquide sucré ou *moût* ainsi obtenu. Quelques heures plus tard, plus ou moins, suivant la température du lieu où nous avons placé le vase, le liquide bouillonne, se boursoufle, pendant que montent à la surface les débris des grappes et des grains, qui, faisant saillie au-dessus de la nappe liquide, forment là comme une sorte de *chapeau*, au contact duquel le travail interne est plus actif qu'ailleurs. D'abondantes bulles de gaz se dégagent de la masse. Ce gaz éteint une bougie allumée, asphyxie l'homme et les animaux : c'est l'acide carbonique, le même qui résulte de la combustion du charbon ou du bois. En même temps, la température s'élève, surtout au voisinage du chapeau. Puis, peu à peu, ces phénomènes diminuent d'intensité, le niveau s'abaisse, les bulles cessent de se dégager, la température diminue. Le liquide a perdu en grande partie sa saveur sucrée, il a une saveur alcoolique bien accusée : la *fermentation* est achevée.

Si nous abandonnons plus longtemps ce liquide à l'air, un voile blanchâtre, des sortes de fleurs apparaissent à sa surface, brûlant l'alcool. Le titre alcoolique du liquide baisse alors rapidement ; puis une nouvelle transformation se produit, le liquide contracte un fort goût d'aigre, en même temps que se développe à la surface une sorte de peau que tout le monde connait sous le nom de *mère du vinaigre*.

C'est Pasteur qui a démontré que les transformations multiples, qui peuvent ainsi se produire dans un moût de fruits, étaient dues à des organismes végétaux, infiniment petits, mesurant quelques millièmes de millimètre seulement et qui, attachés aux grains et à la grappe ou en suspension dans l'air, avaient été introduits dans le moût.

Examinons au microscope une goutte de ce moût et un peu du dépôt, qu'il laisse au fond du vase, nous y apercevrons au milieu de débris de toutes sortes, poussières minérales en particulier, des sortes de globules aux formes variées, de dimensions inégales, les uns ovalaires, les autres en forme de citron, de bouteille, puis d'autres beaucoup plus petits groupés en chapelet, d'autres encore en forme de bâtonnet, etc. Ce sont tous ces infiniment petits, qui sont la cause de la fermentation et des maladies qui peuvent l'accompagner, lorsqu'elle est mal conduite, telle l'apparition des fleurs, la formation du vinaigre et bien d'autres malheureusement trop nombreuses, que nous étudierons plus loin.

Les plus intéressants de ces organismes sont d'abord ceux qui sont les agents de la fermentation. On leur donne le nom de *levures*.

Elles sont fort nombreuses. Deux d'entre elles nous intéressent particulièrement : ce sont *la levure apiculée* et la *levure elliptique*.

1° *Levure apiculée*. — Cette levure apparait, au microscope, comme une sorte de petit citron, mesurant 6 1000° de millimètre dans sa plus grande largeur et renflé en pointe aux deux extrémités d'un même diamètre. C'est elle qui apparait la première, au début de la fermentation du jus de raisin et sur les fruits mûrs et doux, tels que les cerises, les framboises, les fraises. Elle donne moins d'alcool pour une même quantité de sucre de fruit que la suivante et ne fait pas fermenter le sucre de canne ou saccharose.

2° *Levure elliptique*. — Celle-ci ou *Saccharomyces vini (ellipsoïdus)* est formée de globules en chapelet, de 3 1000° de millimètre de large sur 6 à 7/1000° de millimètre de long. C'est le véritable ferment du vin. Elle est malheureusement toujours en très petite quantité. On en compte souvent moins de 150 à 200 individus par centimètre cube de moût, alors que c'est par millions que l'on doit chiffrer le nombre d'individus appartenant à la précédente levure ou à des moisissures de toute espèce, à des bactéries, enfin à des mycodermes, entre autres celui du vin. Il existe d'ailleurs, de cette levure, des variétés nombreuses, ayant des propriétés différentes et pouvant se prêter à des conditions diverses d'existence. Certaines s'accommodent d'une température élevée qui, au contraire, ralentit considérablement ou même arrête la fermentation d'autres espèces. Les unes préfèrent tel acide à tel autre, tel sucre, le glucose, par exemple, à tel autre, le levulose ou inversement ; enfin il est avec chaque espèce pour une proportion de sucre donnée, une teneur optimum en acide, pour laquelle tout le sucre est transformé en alcool ; ce qui montre bien que pour que la fermentation alcoolique se fasse parfaitement, il doit exister entre les doses de sucre et d'acide une certaine harmonie.

Il serait donc à souhaiter que, par des essais répétés, on arrivât à *fixer*, c'est-à-dire à obtenir pures, un nombre suffisant de levures bien différenciées, s'accommodant de préférence de telles et telles conditions. Connaissant alors celles qui conviendraient le mieux pour un moût déterminé, de richesse saccharimétrique et d'acidité connues, on pourrait, en ensemençant avec ces levures le moût préalablement stérilisé, obtenir une fermentation plus régulière, une utilisation plus complète des principes du moût et, comme conséquence, un vin de qualité supérieure.

L'origine de ces levures, l'histoire complète de leur développement sont encore mal connues.

On sait qu'elles apparaissent au moment de la maturation du raisin ; on les trouve alors sur la grappe et sur le bois. Des raisins mûris *prématurément*, en serre par exemple, n'en portent pas. Ils sont déposés par les vents, avec bien d'autres germes d'ailleurs, ferments pathogènes et moisissures, sur toutes les parties de la vigne : raisins, rafles, feuilles et bois. Qu'on protège des raisins par un artifice quelconque, ainsi que l'a fait Pasteur, ils n'en porteront pas.

Les recherches faites sur la *levure apiculée* démontrent que ce champignon se trouve sur tous les fruits sucrés mûrs. Il apparaît dès que le sucre se montre dans les fruits, principalement sur ceux très précoces, comme la fraise. En hiver, vers la fin des vendanges, les raisins en portent moins qu'en septembre. Les pluies l'ont entrainé à la surface du sol ou à une profondeur de quelques centimètres.

C'est là qu'il vit d'une vie ralentie, par suite d'une transformation qui le rend plus résistant, et qu'il attend avec le printemps, le retour des conditions favorables à son activité.

Quant à la *levure elliptique*, le cycle de son développement est beaucoup moins connu. Mais il est très vraisemblable que, comme la levure apiculée, c'est dans le sol qu'elle passe la plus grande partie de sa vie dans l'inactivité.

Outre ces levures, il est d'autres organismes malheureusement trop nombreux, qui se rencontrent sur la grappe et qui se trouvent apportés dans le moût. Les raisins avariés, les instruments de vinification mal soignés, les celliers ou cuveries mal tenus sont les causes principales d'introduction de ces germes nuisibles. Nous les étudierons à propos des maladies du vin.

Je ne citerai ici que les deux plus connus du vigneron, le *mycoderme du vin* et le *mycoderme du vinaigre*. Le premier produit ce voile blanchâtre connu sous le nom de *fleurs du vin*. C'est une petite masse ovalaire, dont le diamètre varie de 4 à 6 millièmes de millimètre et qui porte d'ordinaire un ou deux vides à contours assez nets: vieux, ils s'allongent beaucoup, se rétrécissent en prenant des formes anguleuses et bizarres: on le distingue assez aisément des cellules de levure qui sont plutôt arrondies, elliptiques. Le *mycoderme du vinaigre ou ferment acétique* a la forme de petits grains sphériques de un à deux millièmes de millimètre. Ces grains sont réunis en chapelets, qui s'enchevêtrent dans tous les sens ou forment, en se groupant de un à deux, des sortes de 8.

Ce ferment se multiplie si vite qu'une quantité imperceptible ensemencée à la surface d'un liquide alcoolique et acide, en couvre un mètre carré en 24 heures. Ainsi s'explique la facilité avec laquelle peut aigrir, en quelques heures, une cuve, dont la fermentation est mal conduite et insuffisamment surveillée.

Causes agissant sur la fermentation. — 1° *Chaleur.* — Au dessous de 8° environ, fermentation nulle. Plus haut les ferments endormis s'éveillent. Leur activité croît avec la température. Elle est maximum vers 28 à 32°. Au delà, elle diminue, s'annule vers 40° environ. Enfin, si l'on porte le liquide vers 50 à 60°, on tue les levures. De là l'utilité dans les régions relativement froides du Centre et de l'Est, de chauffer la vendange ou le cellier, et au contraire la nécessité, dans les régions chaudes du Midi, de refroidir les moûts. Sans ces précautions, la fermentation languit, reste incomplète, le vin est doucereux.

Les bactéries, causes de tant de maladies, les

mycodermes du vin, entrent alors plus ou moins vite en activité.

Le vin ne peut qu'être de mauvaise qualité et de conservation douteuse.

2° *L'air.* — La fermentation peut s'effectuer à l'abri de l'air. Le ferment est un de ces êtres singuliers, signalés par Pasteur, qui peuvent vivre en l'absence d'air.

Toutefois, l'aération du moût favorise la fermentation, en même temps que l'air précipite les substances organiques en suspension et favorise par conséquent la défécation du liquide. De là l'utilité des foulages et aussi la pratique de certains viticulteurs, qui insufflent mécaniquement de l'air dans le moût. Ce procédé vieillit légèrement le vin.

Mais si l'air est très utile *au début de la fermentation*, sa présence devient dangereuse, dès que l'alcool apparaît dans le liquide, car il peut déterminer l'aigrissement du vin, s'il s'y trouve, par la négligence du vigneron et la mauvaise tenue des ustensiles vinaires, une notable proportion du ferment acétique, qui n'attend que l'apparition de l'alcool pour se développer.

3° *Le sucre* est l'aliment par excellence de la levure. Sous ce nom on comprend différents corps qui ont, avec une saveur plus ou moins sucrée, une formule chimique différente.

On peut distinguer trois principales sortes de sucre.

a) Le sucre de canne ou *de betterave* dit saccharose. Ce sucre qui cristallise en beaux cristaux, tout le monde connaît le sucre candi, se dissout dans le tiers de son poids d'eau. Il se dissout faiblement dans l'alcool faible, presque pas dans l'alcool absolu. Il n'agit pas sur la liqueur dite de Fehling, dont nous parlerons plus loin, car elle nous servira à doser le sucre du moût.

Enfin il ne peut fermenter *directement*, la levure elliptique doit au préalable le transformer, par parties égales, en les deux sucres, dont il nous reste à parler. La levure apiculée est incapable d'effectuer cette transformation préalable.

b). *Le glucose*. Celui-ci se rencontre dans tous les fruits et particulièrement dans le raisin. On l'obtient également par fermentation de l'amidon et de la fécule. Il sucre deux fois et demie moins que le sucre de canne. Il décompose la liqueur de Fehling, est plus soluble dans l'alcool que le précédent, enfin fermente *directement*, sans transformation préalable, sous l'action de la levure.

c). *Le lévulose*. Celui-ci a la même composition chimique que le glucose, qu'il accompagne dans tous les fruits. Il décompose la liqueur de Fehling comme lui et fermente directement sous l'action de la levure. Il ne diffère du glucose que par des propriétés secondaires, qu'il est inutile d'énumérer ici, car pratiquement, on peut le confondre avec le glucose, du moins au point de vue de la vinification.

Si donc le liquide sucré renferme du sucre de canne ou saccharose, celui-ci doit au préalable être transformé par la levure en glucose et levulose. On donne le nom d'*inversion* à ce phénomène chimique et le nom de *sucre interverti* au mélange à poids égal de glucose et de levulose résultant de l'inversion.

Voici les résultats de ce travail de la levure :
100 kilos de *saccharose* fournissent 105 kilos de
sucre interverti (glucose et levulose). Ces 105 kilos
fourniront environ 62 litres d'alcool pur.

Bien que le sucre soit l'aliment de la levure,
quand ses proportions sont par trop élevées et
que la richesse saccharine du moût atteint, par
exemple, 17 à 18° Baumé, la fermentation est entra-
vée. Le sucre non transformé constitue alors, pour
les bactéries présentes dans le liquide, un excellent milieu de développement, surtout si le moût
est pauvre en acide, ce qui entraine des fermentations secondaires et des altérations susceptibles de
compromettre la récolte. Ce cas se présente d'ailleurs assez rarement en France, du moins dans le
Centre et l'Est. Il est assez fréquent en Algérie,
Tunisie, Italie, etc.

Résultats de la fermentation. — La levure elliptique, la seule qui joue dans la vinification un
rôle important, secrète et met en liberté deux
sortes de ferments. 1° L'un, appelé *invertine*, possède la propriété de dédoubler le *saccharose*, c'est-
à-dire le sucre de canne ou de betterave, lequel
n'est pas fermentescible, en glucose et lévulose
qui le sont. C'est grâce à ce ferment que le saccharose ajouté à la cuve, en cas de pauvreté saccharine du moût ou pour l'obtention des vins de
2° cuvée, peut entrer en fermentation ; 2° L'autre,
diastase alcoolique, décompose les deux sucres résultant de cette transformation ou le sucre fermentescible naturellement contenu dans le moût, et
qui est un mélange de ces deux sucres, auquel on
donne souvent le nom de sucre de raisin, en for-

mant de l'alcool et de l'acide carbonique qui se dégage.

Voici exactement les proportions des produits résultant de la transformation de 100 parties de *sucre de raisin* :

Acide carbonique 46. 07
Alcool 48. 47
Glycérine 3. 23
Acide succinique 0. 61
Matières cédées au ferment 1. 30

Pratiquement, 100 kilos de sucre de raisin donnent 59 litres d'alcool pur.

Comme 100 kilos de sucre de canne donnent, après interversion, 105 kilos environ de sucre interverti fermentescible, il en résulte que 100 kilos de sucre de canne peuvent fournir 62 litres d'alcool pur.

CHAPITRE II

Soins à donner au matériel vinaire
et aux celliers.

A l'approche des vendanges il faut donner à tout ce qui, de près ou de loin, doit entrer en rapport avec la vendange ou le vin, les soins de propreté les plus minutieux : *ils ne seront jamais exagérés.*

Nous ne craindrons pas de dire que les opérations de la vinification devraient, pour être parfaitement conduites, être entourées d'autant de précautions que les opérations chirurgicales, se faire *en milieu aseptique.* Donc pas de souillure des vases ni des celliers. Pas de vin répandu sur le sol de la cave ou de la cuverie, où le ferment acétique et d'innombrables bactéries pathogènes puissent se développer. Propreté parfaite et asepsie complète : voilà les conditions nécessaires, pour faire un vin irréprochable et de conservation assurée.

On ne tolèrera donc pas dans les celliers la présence de fruits, légumes, choucroute, etc. Surtout pas de tonneaux de vin aigre. Enfin on éloignera les tonneaux ou cuves en fermentation, des fumiers, fosses à purin, étables mal tenues et odorantes. Il n'en faut pas tant pour donner au vin un goût de matières en putréfaction souvent très prononcé. De plus, les caves ont tendance à se remplir de moisissures et de germes variés qui, pullulant avec une extraordinaire rapidité, contaminent vases et vins. De là l'utilité des désinfections.

Après le nettoyage exécuté à *l'intérieur* de toute la vaisselle vinaire et sa remise en place, après le grattage du sol. s'il est de terre et son remplacement par du sable sain et sec ou beaucoup mieux, par une bonne couche de ciment, qui rendra désormais le nettoyage facile, on procédera à un soufrage énergique en faisant brûler dans une terrine de terre allant au feu, quelques morceaux de soufre en canon ; on aura, bien entendu, fermé avec le plus grand soin tous les orifices. Le lendemain. on ouvre et on ventile soigneusement.

De temps en temps, chaque année si possible, il sera bon de procéder à un badigeonnage à la chaux des murailles. badigeonnage qui détruira les germes de moisissures et autres. qui y adhèrent.

Les comportes ou les paniers, le fouloir, le pressoir. les cuves. les barriques. tout doit être soigneusement nettoyé à l'extérieur comme à l'intérieur. Un trempage de plusieurs jours doit rendre étanche tout ce qui recevra le liquide : moût ou vin.

Un nettoyage à l'eau, à l'aide d'une brosse dure de chiendent. est indispensable, mais souvent insuffisant. Il faut laver à l'eau chaude contenant 4 à 5 °⁄₀ de cristaux de soude, rincer à l'eau froide, puis à l'eau contenant 1 °⁄₀ d'acide sulfurique et terminer par un dernier rinçage à l'eau. On peut encore employer le bisulfite de soude du commerce.

Soufrer. après lavage, barriques et foudres.

La vendange terminée, on rincera à l'eau et brossera énergiquement tous les appareils. On les remisera, autant que possible, dans un endroit sec pour éviter l'apparition des moisissures.

De la lumière, de l'air, une minutieuse propreté, voilà les premières conditions indispensables à une bonne vinification, celles qu'on devrait trouver et qu'on trouve si rarement réalisées dans tout cellier ou cuverie.

CHAPITRE III

Maturité du raisin et Vendange.

La Vendange. — Quand doit-on vendanger? A cette question ne semble-t-il pas naturel de répondre? On vendangera quand le raisin sera mûr.

Cette réponse, juste dans les pays tempérés, où le raisin dépasse bien rarement, si même il y parvient, la maturité complète, ne l'est plus pour les climats très chauds, comme la Provence, l'Algérie, la Tunisie, etc., où, sous les rayons du soleil, le raisin dépasse le plus souvent la maturité, s'enrichissant en sucre, mais perdant tous les jours en acide. Dans les pays tempérés mêmes, semblable phénomène peut se produire, pendant certaines années exceptionnellement chaudes.

Or il est pour *une richesse saccharine* donnée d'un moût, une *richesse en acide optimum*, indispensable à la bonne marche de la vinification et à l'obtention directe, sans la moindre addition au moût, d'un vin possédant toutes les qualités que lui peut concéder le cépage dont il est issu et surtout les qualités de bonne conservation nécessaires à un vin marchand.

Puisque au fur et à mesure que le grain s'enrichit en sucre, il s'appauvrit en acide, il y a nécessairement un certain moment, où il présente la composition la plus favorable. C'est à ce moment que la vendange doit se faire, si l'on veut que le moût ait toutes ses qualités. Vendange-t-on trop tôt, le vin obtenu est peu alcoolique et vert; trop tard, le moût trop sucré, sans acidité suffisante, fermente mal, incomplètement, donnant un vin doucereux, plat, sans bouquet, ni fraîcheur, sujet à toutes les maladies.

C'est qu'en effet la teneur en acide du moût a une importance considérable sur la fermentation, la composition du vin et sa tenue. Résumons brièvement le rôle de cette acidité.

On sait que les levures alcooliques ont, surtout au début de la fermentation, à lutter contre les innombrables bactéries ou ferments lactiques, butyriques, mannitiques, etc., qui pullulent dans le moût; que ceux-ci ne peuvent se développer activement qu'en milieu neutre ou alcalin; qu'ils sont donc rapidement vaincus par les levures quand le moût possède une dose d'acidité suffisante, alors qu'au contraire ils prospèrent et multiplient, avec une vertigineuse rapidité, dans les moûts trop sucrés et insuffisamment acides, entraînant à une perte certaine et plus ou moins prochaine le vin qui en résultera.

D'autre part, les matières colorantes de la peau du grain se dissolvent d'autant mieux que le moût est plus acide, la couleur du vin est plus stable, plus vermeille. Le moût lui-même s'éclaircit d'autant plus vite et d'autant plus complètement, par précipitation des matières coagulables de nature albuminoïde en suspension, que l'acidité est plus forte.

Cette acidité s'oppose aussi à de nombreuses maladies, atteignant spécialement la couleur des vins. C'est enfin un des facteurs principaux de la saveur et du bouquet.

On voit donc l'importance considérable de la richesse en acide des moûts et son influence sur le résultat final.

Maturité du raisin : ses caractères. — Les caractères extérieurs de maturité du raisin sont connus de tous les vignerons.

Le grain cesse de grossir, il se détache facilement du pédicelle. L'extrémité de ce pédicelle ou *pinceau*, qui était attachée au grain emporte, lorsqu'on l'en sépare, une matière visqueuse et colorée. Le jus du grain est sucré, sans astringence, épais et collant. Enfin il suffit de goûter successivement la pulpe de la surface du grain et celle qui entoure les pépins. Quand le raisin est complètement mûr, toutes deux sont aussi sucrées l'une que l'autre. Celle de la périphérie le serait, au contraire, beaucoup plus que celle du centre, si le raisin avait encore quelque chose à gagner.

Mais rien ne vaut l'emploi d'un de ces nombreux appareils qui, sous le nom d'*aréomètre, mustimètre, pèse-moût*, permettent à chacun de mesurer, sans la moindre difficulté, la teneur en sucre du moût et par conséquent du raisin.

On prépare donc une très faible quantité de moût, en cueillant un peu au hasard et dans toutes les parties de la vigne, de façon à avoir une moyenne, aussi exacte que possible, de la récolte, un certain nombre de grappes de raisin. On les presse rapidement entre les doigts, on filtre sur une toile et on verse dans une éprouvette, c'est-à-dire dans un tube cylindrique, beaucoup plus haut que large. A la rigueur, un simple verre de lampe bouché à une extrémité peut très bien suf-

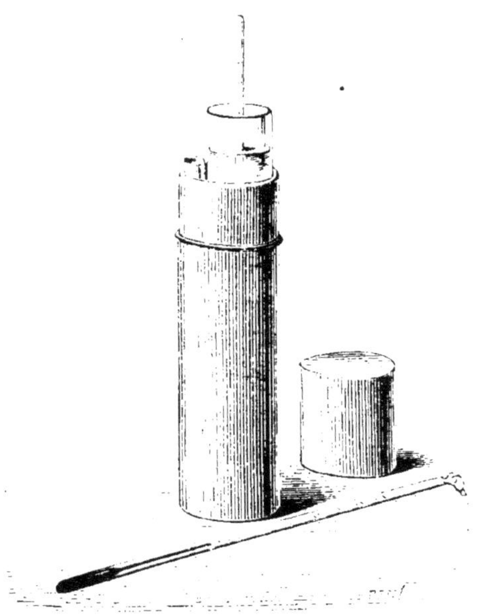

Fig. 1. — TROUSSE DENSIMÉTRIQUE
contenant mustimètre, thermomètre, éprouvette et table.

fire. On plonge dans le liquide l'aréomètre ou le mustimètre. S'agit-il d'un aréomètre Baumé, il affleurera en général entre 6° et 15°. Or il se trouve, coïncidence assez commode, que le nombre de degrés en sucre que pèse le moût (avec l'aréomètre Baumé) est précisément le même, du moins *à peu près*, que celui des degrés d'alcool que pèsera le vin fait avec ce moût, si la fermentation est complète.

Autrement dit, un moût pesant neuf degrés de sucre donnera du vin pesant, *à peu près*, 9 degrés d'alcool.

A ceci, nous ajouterons que certains auteurs

indiquent, sans que, bien entendu, cette indication ait quoi que ce soit d'absolu, une richesse en
sucre de 10° Baumé comme la plus favorable.

Voici maintenant, d'après le D' Guyot, comment
on peut, à l'aide de ces instruments, aréomètres ou
mustimètres, fixer le moment précis où le raisin
arrive à complète maturité.

On détermine chaque jour la richesse en sucre
du moût. Elle va croissant tant que le raisin n'est
pas mûr. Lorsqu'elle se maintiendra constante pendant deux ou trois jours, la maturité complète sera
atteinte. Il faut toutefois avoir soin d'observer si,
durant le temps que dure cet essai, le raisin ne
se ride pas, ce qui indiquerait une évaporation
considérable du liquide intérieur du grain : le moût
apparaîtrait alors plus sucré, non pas parce qu'il
contient plus de sucre, mais parce qu'il renferme
moins d'eau.

Ce procédé, un peu compliqué, est certainement
très logique, surtout si on l'accompagne de la mesure de l'acidité du raisin. Nous avons dit plus
haut, en effet, que dans les pays chauds il y a intérêt à ne pas attendre la parfaite maturité du raisin
et à vendanger avec une acidité même un peu
forte, qui s'atténue d'ailleurs notablement à la
suite des opérations de la fermentation, car on
évalue en moyenne à 25 °/₀ de l'acidité du moût,
la perte d'acidité subie par le vin rouge cuvé.
Pour le vin blanc, cette perte est plus faible et souvent nulle.

Voici comment Pollacci résume en quelques
lignes les conseils que l'on peut donner sur ce point
si discuté de l'époque de la vendange :

Vendanger à maturité aussi complète que pos-

sible dans les climats moins que tempérés et dans
les années froides. Vendanger à maturité atteinte,
mais non dépassée, dans les climats tempérés.
Vendanger un peu avant maturité dans les climats
chauds et dans les années très chaudes.

Acidité du raisin. — Il est bien difficile de fixer
pour les raisins une acidité optimum. Cela dépend
du cépage et tout bon viticulteur devrait, chaque
année, inscrire et conserver précieusement, à titre
de documents, le titre acide et la richesse en sucre
de son moût. Comparant alors ces titres aux résultats obtenus après vinification, il posséderait bientôt tous les éléments nécessaires pour fixer rigoureusement la date de ses vendanges, en admettant,
bien entendu, ce qui dans les régions septentrio-
nales n'est pas toujours le cas, que les conditions
atmosphériques le lui permettent.

En moyenne et pour des pays bien exposés, cette
acidité du moût peut osciller entre 5 à 8 grammes
par litre.

Dans le Languedoc on admet comme nécessaire
une acidité de 9 grammes au moins. Le mininum
de 9 grammes a été aussi adopté avec succès par
nombre de viticulteurs algériens. Certains auteurs
réclament dans le Midi jusqu'à 15 grammes pour
les Aramons et les Carignans et plus encore pour
les Petits-Bouchets et les Jacquez. Dans les vignobles du Centre et de l'Est, sauf pendant les années
exceptionnelles, les moûts sont toujours suffisamment acides, même trop bien souvent.

On trouvera plus loin les procédés employés
pour rechercher l'acidité d'un moût.

Sécheresse et maturation. — En cas de sécheresse prolongée, est-il préférable d'attendre quelques pluies?

Voici les résultats obtenus par M. Müntz, en Roussillon, durant l'année 1893 :

L'auteur a examiné comparativement les dimensions et le volume des grains, leur teneur en sucre, le volume du moût fourni par hectare, le titre du vin qui en provient et son pouvoir colorant, suivant qu'on avait affaire à de la vendange récoltée avant la pluie, 2 jours et enfin 9 jours après d'abondantes chutes de pluie.

	Avant la pluie	2 jours après la pluie	9 jours après la pluie
Circonférence des grains......	42 $^{m/m}$ 7	45 $^{m/m}$ 2	45 $^{m/m}$ 84
Volume des grains	1 ^{cc} 316	1 ^{cc} 592	1 ^{cc} 628
Teneur en sucre	22,5 %	18,2 %	20,4 %
Volume du moût par hectare.	106,5 kil.	129 kil.	132 kil.
Poids du sucre par hectare...	2,290 kil.	2,250 kil.	2,693 kil.
Titre du vin fait avec le raisin.	12°	10°5	11°5
Pouvoir colorant du vin	1,5	1,2	1,4

Les résultats de cette expérience peuvent se résumer ainsi : Lorsqu'on attend, après une longue sécheresse, les premières pluies pour vendanger, on obtient à la fois une augmentation notable de la vendange, mais une diminution assez sensible de la qualité, diminution qui porte surtout sur le titre alcoolique du vin et sur sa coloration. — Au vigneron de se prononcer; tout dépendra de l'usage qu'il veut ou peut faire de son vin.

Si l'année est froide et pluvieuse, il est sage de ne pas reculer trop longtemps la date des vendanges. Le raisin ne mûrit plus, s'altère, moisit. La fermentation se fait mal et lentement.

Arrosage des vignes. — M. Müntz a encore exécuté quelques intéressantes expériences sur les avantages de l'arrosage des vignes en certaines circonstances.

A la suite des étés secs, les vignes promettent des vendanges médiocres. Certains viticulteurs ont alors essayé de pratiquer l'arrosage de leurs vignes. Les frais occasionnés par ces arrosages sont considérables et l'on peut se demander s'il y a avantage à les pratiquer.

M. Müntz a observé que les grains augmentent très rapidement de 30 à 40 pour cent. Ils se gonflent d'eau qui, au moment de la maturité, fournit des matériaux pour la formation des acides. On obtient des grains sucrés, et cependant plus riches en acide que les grains normaux. Au point de vue pratique, au prix d'une dépense de 60 francs par hectare environ, on obtient une plus-value de 200 à 300 francs avec des raisins plus propres à donner un vin susceptible de conservation.

Exécution de la vendange. — On vendangera, autant que possible bien entendu, par un temps sec et clair, dès que la rosée se sera évaporée et que les brouillards auront disparu. On évitera de vendanger par la pluie. Les raisins mouillés, maculés de boue, couverts de terre, ne peuvent donner qu'un vin faible, trouble, de mauvaise conservation. On coupera les raisins soit avec une serpette, soit mieux encore avec un petit sécateur. Celui-ci n'ébranle pas le raisin et par conséquent ne détermine pas la chute des grains trop mûrs.

Le raisin est recueilli soit dans des paniers, soit dans des vases en tôle : ceux-ci sont préférables. Mais l'important est que tout soit propre.

Aussitôt vendangés, les raisins doivent être jetés à la cuve.

Dans les pays chauds cependant, on laisse souvent refroidir la vendange durant la nuit, en l'exposant à un courant d'air dans des paniers.

Il serait à souhaiter que, quelque modeste que fût la qualité du vin à récolter, le vigneron prît la peine de mettre de côté les raisins moisis ou trop souillés de terre ou encore les grappes échaudées ou ramollies. Il n'en faut pas davantage pour compromettre toute une récolte. C'est au propriétaire, et à son défaut aux *porteurs*, de surveiller attentivement à ce point de vue le travail des *coupeurs*.

CHAPITRE IV

Égrappage et Foulage.

Égrappage. — L'égrappage consiste à séparer les grains du raisin de la rafle. Pour cela, on emploie soit une sorte de tamis en fil de fer, soit une claie

Fig. 2.   Fouloir-Égrappoir Mabille.

d'osier aux mailles assez écartées pour laisser passer les grains. Des femmes ou des enfants, a l'aide des mains ou de petits râteaux de bois frottent les raisins : les grains se détachent et tombent.

Il existe des appareils mécaniques permettant d'arriver au même résultat beaucoup plus rapidement, sinon d'une façon aussi parfaite.

Ce sont les égrappoirs et fouloirs-égrappoirs. Ces derniers se composent d'une sorte de trémie où on verse le raisin. Il tombe de là entre des cylindres compresseurs qui le foulent, puis dans un large cylindre en tôle de cuivre perforée. Dans l'axe de ce cylindre tourne un arbre portant des palettes disposées suivant une spire d'hélice. Les palettes entraînent dans leur mouvement les grappes, auxquelles adhèrent encore des grains de raisins. Ces grains sont détachés par leur frottement contre les parois du cylindre, passent à travers les trous et tombent dans l'entonnoir qui les conduit à la cuve, les rafles sont emmenées au dehors.

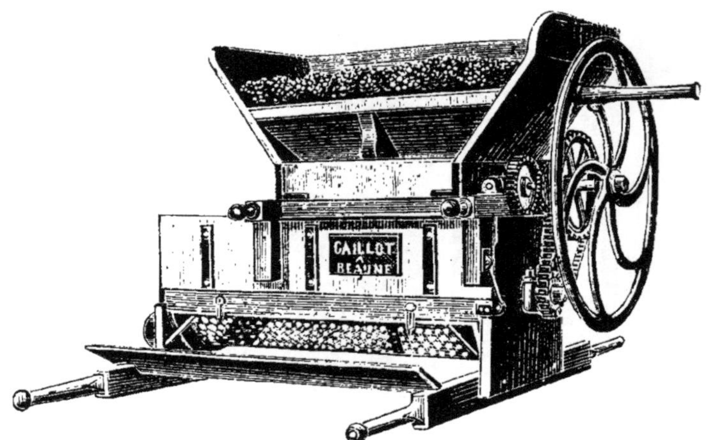

Fig. 3. — Égrappoir rotatif Gaillot.

Faut-il égrapper ? Il est peu de sujets aussi controversés. C'est qu'en effet l'utilité de l'égrappage dépend de la nature du cépage et même de l'année, du plus ou moins de maturation du raisin, enfin de la nature du vin que l'on se propose d'obtenir. Rien ne vaudra donc l'expérience que chacun aura pu acquérir par quelques essais comparatifs.

Nous nous bornerons aux indications suivantes : Les auteurs sont en général d'avis : 1° que la grappe contient des acides et du tannin ; 2° que la présence de la grappe favorise la fermentation, car elle entraine après elle une assez forte proportion d'air ; 3° elle abaisserait le titre alcoolique du moût. Ceci résulterait d'expériences faites par M. Robinet d'Epernay que nous résumons ici :

300 kilos de vendange sont divisés en 3 lots de 100 kilos.

1° 100 kilos sont pressurés en blanc, autrement dit le moût a été séparé de la grappe immédiatement après la cueillette, suivant le procédé champenois : alcool 9,7 °° en volume.

2° 100 kilos sont pressurés en rouge sans égrappage : alcool 8,9 °° en volume.

3° 100 kilos sont pressurés en rouge avec égrappage : alcool 9,5 °° en volume.

Bien plus, l'auteur a retrouvé dans le moût l'alcool manquant : 1 kilo de marc contenait plus d'alcool qu'un kilo de vin.

On conseille généralement l'égrappage : 1° si on recherche surtout le moelleux et la finesse dans le vin ; 2° si par suite d'une maturité incomplète le raisin n'est que trop riche en principes astringents et acides ; 3° si on a affaire à de bons cépages fins n'ayant pas dépassé une bonne maturité moyenne; 4 si le goût de terroir est trop prononcé.

Au contraire on évitera d'égrapper avec des raisins trop mûrs, trop sucrés, dont la fermentation se fait difficilement et qui donnent un vin mou et plat.

L'acidité et le tannin de la grappe, ainsi que l'air entraîné, faciliteront la fermentation et assureront la conservation du vin.

Foulage. — Fouler le raisin, c'est l'écraser. L'utilité du foulage est incontestable. Il accélère la fermentation, chose recommandable surtout dans les pays tempérés ou froids; enfin quand la vendange contient beaucoup de raisins verts à pellicule épaisse, il est indispensable.

Le foulage peut se faire à pieds d'homme. Les dits pieds seront propres, évidemment! Les raisins sont foulés dans un récipient quelconque et versés dans la cuve. Ce procédé a du bon, il rompt les pellicules sans écraser les grains. Il est long, dispendieux et un peu répugnant.

Un autre procédé, plus répugnant encore, trop pratiqué cependant, car il est très long, incomplet et dangereux, c'est le foulage par immersion d'un homme dans la cuve.

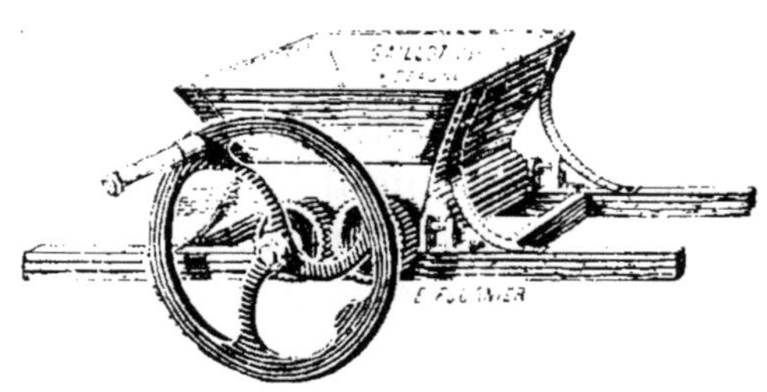

Fig. 4. — Fouloir Gaillot.

Des appareils mécaniques y suppléent avantageusement. Ils sont innombrables. Le principe est toujours le même. Deux cylindres cannelés horizontaux placés parallèlement et très rapprochés tournent en sens contraire. Une même manivelle les actionne tous deux. Une trémie placée au-dessus d'eux reçoit le raisin, qui tombe entre les cylindres, lesquels le broient au passage. Un homme peut avec eux broyer de 40 à 50 hectolitres de raisins par heure.

CHAPITRE V

Cuvage.

Cuves et foudres. — Suivant les pays, l'importance des vignobles, la fermentation s'effectue dans des cuves ouvertes ou fermées ou dans des foudres dont les dimensions varient depuis quelques hectolitres jusqu'à 500 et plus. Les dimensions moyennes de 50 à 80 hectolitres semblent préférables aux dimensions extrêmes.

Cuves et foudres sont en bois de chêne généralement et cerclés de fer. Les cuves sont des sortes de troncs de cône à section, tantôt circulaire, tantôt elliptique. Parfois elles sont fermées à leur partie supérieure, mais le plus souvent ouvertes. Les foudres sont d'énormes tonneaux dont la profondeur égale le plus grand diamètre, munis d'une ouverture assez large pour laisser passer un homme. Cette ouverture, pratiquée dans la douelle centrale du fond, peut être fermée hermétiquement. Enfin, dans certaines régions où la récolte est extrêmement abondante, on emploie des sortes de citernes en maçonnerie, cimentées intérieurement. Cuves et foudres ne doivent pas être remplis à plein bord, car la masse en fermentant se boursoufle et pourrait déborder.

La vendange versée dans la cuve, la fermentation commence, plus ou moins vite selon que la température est plus ou moins élevée.

Cuvage dans des vases ouverts. — Supposons d'abord que toutes les conditions favorables soient réunies : température douce, pas trop élevée. L'ébullition commence. Les grappes montent lentement à la surface, s'agglomèrent et, allégées par l'acide carbonique qui se dégage de la masse et adhère après elles, forment bientôt une saillie au-dessus de la partie liquide. On donne le nom de *chapeau* à cette masse formée par les marcs.

C'est là que se trouvent accumulés les ferments, que la fermentation est la plus active et la température la plus élevée. Le fond de la cuve, au contraire, fermente mal, est encore sucré et à peine rosé, que le liquide qui baigne le chapeau a déjà son sucre presque complètement transformé en alcool.

Comme, d'autre part, les principes colorants assez mal connus d'ailleurs et désignés sous le nom d'*œnocyanine* et *œnorubine*, qui donnent au vin sa couleur, sont contenus dans la pellicule des grains : que ces substances légèrement solubles dans l'eau, le sont surtout dans l'alcool, il en résulte que ce sont les parties proches du chapeau les plus riches en alcool, les plus chaudes, qui se colorent. Il est donc *indispensable* de refouler le chapeau dans la cuve aussi fréquemment que possible, soit à l'aide de masses en bois, soit à l'aide des pieds.

Cette opération détermine dans toute la masse un surcroît d'activité. Puis le chapeau remonte et tout est à recommencer.

Souvent, on place dans la cuve, un peu au dessous du niveau du liquide, en le *calant* solidement, une sorte de large disque en bois, percé de trous ou en osier, ayant le diamètre de la cuve si elle est

circulaire, sa forme si elle est plus ou moins elliptique. Ce disque refoule le chapeau et le maintient
immergé dans le moût.

Les cuves ouvertes présentent un unique avantage : *la facilité du foulage*. En revanche, elles présentent *un très grave inconvénient*. Lorsque la fermentation est déjà avancée, que la couche d'acide
carbonique, qui surmontait le chapeau, a en partie disparu, l'air arrive au contact de ce chapeau.
Celui-ci renferme un liquide alcoolique très divisé,
présentant à l'air une surface d'oxydation considérable, réalisant les conditions les plus favorables
au développement du mycoderme du vinaigre,
que la cuve, les paniers, le fouloir mal lavés ont
introduit dans la vendange. Quelques heures suffisent pour qu'au dessus de ce chapeau flottant,
on perçoive nettement l'odeur du vinaigre. Si on
refoule alors le chapeau dans l'intérieur, le mal
devient général, le goût d'aigre se communiquant
à toute la masse.

Donc si on opère avec des cuves ouvertes, il faudra multiplier les foulages du chapeau, diminuer
le temps de séjour du vin dans la cuve et surtout
maintenir le chapeau immergé.

Voici encore quelques artifices plus ou moins
ingénieux et qui ont comme avantage d'accélérer
la fermentation, de rendre impossible l'acétification du liquide, et aussi de produire un vin plus
coloré, plus brillant.

a) Système Perret. — Deux cadres de trois mon-
tants verticaux chacun vont du fond à la surface
de la cuve : ils portent des crochets renversés,
étagés, au-dessous desquels on engage, au moment
où l'on verse le raisin foulé, des traverses horizon-

tales qui retiennent les rafles. Des liteaux engagés sous les traverses et disposés perpendiculairement à celles-ci, retiennent encore mieux la vendange, qui se trouve ainsi partagée en étages successifs. Le chapeau est, par conséquent, fragmenté en autant de couches parallèles, qu'il y a de niveaux de crochets.

b) On a aussi proposé de placer verticalement deux claies parallèles, faites de planches mal jointes ou perforées, de façon à diviser l'intérieur de la cuve en trois cases égales. Dans celle du milieu on verse toute la vendange. Le liquide se dispose dans les trois cases, tandis que les rafles restent contenues dans celle du milieu. Une petite claie, placée horizontalement à la partie supérieure de cette case centrale, empêche le chapeau de faire saillie au-dessus d'elle. On a ainsi une sorte de diaphragme de marc séparant les deux zones de moût.

c) *Remontage à la cuve.* — On peut encore soutirer du bas de la cuve une certaine quantité de moût que l'on reversera à la partie supérieure de la cuve. Cette sorte de *lessivage du chapeau* au moyen du moût du fond de la cuve, moût encore riche en sucre, peu coloré et moins chaud, réalise évidemment les conditions les plus favorables pour une fermentation régulière et homogène pourvu, cependant, que dans cette manipulation, le moût n'ait pas un contact trop prolongé avec l'air. Ce procédé régularise la température et répartit à peu près également dans la masse la levure et les produits de macération du chapeau. Il suffit, pour exécuter cette opération, d'une pompe à soutirer les vins, qui aspire le moût par un tube de fer-blanc plongeant dans la cuve et percé de trous à sa partie inférieure et le rejette en pluie au-dessus du chapeau, par l'intermédiaire d'un tube cylindrique criblé de trous.

On peut opérer ce lessivage beaucoup plus facilement et d'une façon presque automatique à l'aide d'appareils spéciaux tels que l'appareil Cambon, l'appareil Vermorel, etc., appareils ingénieux mais assez compliqués et plutôt réservés aux grandes exploitations.

Cuves à revêtement en verre. — La manufacture des glaces de Saint-Gobain a imaginé de fabriquer un revêtement en verre qu'on applique à petits joints sur le fond et les murs latéraux de citernes en maçonnerie. Ainsi tapissé, le réservoir est complètement à l'abri de toute altération, facilement nettoyable et parfaitement étanche, si la maçonnerie a été solidement établie. Le prix de revient de ce revêtement en verre est d'environ un centime par litre de capacité de la cuve.

Cuvages dans des vases fermés. — On tend de plus en plus aujourd'hui à effectuer le cuvage en vase clos. Le chapeau n'est plus au contact de l'air, mais plonge dans une atmosphère de gaz carbonique et par conséquent ne peut plus aigrir.

Le seul inconvénient de ces cuves closes est la difficulté du foulage, par conséquent de l'aération du moût. On sait, depuis Pasteur, combien l'aération favorise la multiplication de la levure. Elle hâte la fermentation et réduit sensiblement la durée de la macération. C'est pourquoi le foulage exécuté avant la mise en cuve devra, si l'on emploie des vases fermés, être plus énergique que jamais.

Voici un petit modèle de cuve que nous avons fait construire pour notre usage et qui tourne cette difficulté du foulage en cuve fermée. Cette petite cuve, d'une contenance de 9 à 10 hecto-litres, est de forme presque cylindrique. Elle peut être fermée à l'aide d'un couvercle, que l'on fixe solidement aux parois extérieures de la cuve, à l'aide d'agrafes en fil de fer. Ce couvercle porte en son milieu une courte cheminée dans laquelle s'engage, à frottement doux, une tige solidement reliée à un plateau circulaire perforé de trous très nombreux, de 5 à 6 millimètres environ de diamètre. Une demi-douzaine de trous sont également prati-qués sur la longueur de la tige, ils sont destinés à recevoir une clavette qui traverse aussi la chemi-née. De cette façon, le plateau circulaire est soli-daire du couvercle et peut être arrêté à différents niveaux, suivant le trou dans lequel passe la cla-vette. Au fur et à mesure de la fermentation, on enfonce le disque à l'aide de la tige saillante et on refoule dans la profondeur de la cuve le cha-peau, qui s'est formé sous le plateau circulaire. Ce chapeau porte la fermentation, la couleur et la chaleur dans des régions de moins en moins actives et colorées, de plus en plus froides. La fermentation se trouve accélérée, rendue plus complète, enfin sans danger d'acétification. Il est, à notre avis, bien inutile de luter au plâtre, comme on le fait parfois, le couvercle de la cuve. La fermeture n'a nullement besoin d'être hermé-tique. Le couvercle porte seulement un rebord saillant qui s'applique exactement sur le bord de la cuve. Enfin, une petite soupape permet l'échap-pement du gaz carbonique en excès.

Un petit tube de cuivre étamé placé à côté de la tige commandant le plateau, traverse ce plateau et va aboutir à un autre tube de cuivre également étamé à l'intérieur et à l'extérieur et perpendiculaire au premier.

Le tout forme une sorte de T renversé ⊥. Le tube horizontal plonge au fond de la cuve : il est percé d'une infinité de petits trous d'aiguille d'un 1 2 millimètre à 1 millimètre environ. La partie supérieure de la branche verticale est fixée à la tige du plateau simplement par deux colliers en fil de fer.

Elle est reliée par un tube de caoutchouc à vide à une pompe à air : c'est une simple pompe pour pneumatiques de bicyclette munie d'une valve ordinaire.

De temps en temps, une ou deux fois par jour, on donne quelques coups de pompe en faisant tourner lentement d'une demi-circonférence le tube de cuivre : un peu d'air pulvérisé pénètre dans la cuve, et cela suivant toute sa surface. Cet air est en trop faible quantité pour déterminer l'acescence du moût, et suffit à réveiller l'énergie du ferment, surtout par les temps froids, où la fermentation languit.

CHAPITRE VI

Chauffage et réfrigération du moût

Chauffage du moût. Par les années froides et pluvieuses, alors que la vendange s'est faite tard, la température du moût peut être assez basse, pour que la fermentation soit très lente à s'établir ou même ne s'établisse pas. Dans ce cas, si le cellier ou la cuverie sont bien clos, on peut en élever la température en y installant un poêle, en fermant les ouvertures du nord et ouvrant au contraire, quand le soleil donne, celles tournées au midi. Si cela ne suffit pas, on doit réchauffer le moût. On en chauffe une certaine quantité non pas à feu nu, ce qui peut lui communiquer un goût désagréable, mais au bain marie dans un récipient en terre ou en tôle émaillée. On pourrait encore introduire dans la cuve un cylindre en fer étamé où brûlent quelques charbons. Le procédé le plus simple consiste à préparer, cinq à six jours à l'avance, une sorte de levain, c'est-à-dire une certaine quantité de moût obtenu avec les meilleurs raisins, que l'on a mis fermenter dans un endroit chaud. On jette ce moût en pleine fermentation dans la cuve trop froide. La même opération, faite avec des levures sélectionnées, dont nous parlerons plus loin, réussit à merveille.

L'important, en effet, est de faire *partir* la fermentation car, lorsqu'elle est commencée, la chaleur résultant de la transformation du moût suffit à le maintenir à une température favorable. M. Berthelot a, en effet, montré que la fermentation d'un litre de moût contenant 180 grammes de sucre, ce qui correspond à 10·6 d'alcool, ne dégageait pas moins de 71 calories, c'est-à-dire une quantité de chaleur suffisante pour élever de 71° la température d'un litre d'eau. Si les vases vinaires n'atteignent pas la température de l'eau bouillante, c'est que l'engourdissement des levures et bientôt leur mort sous l'action de la chaleur arrêterait la fermentation, et qu'aussi une notable partie de cette chaleur est, ou rayonnée par les parois des cuves, ou entraînée avec les 50 ou 60 litres de gaz carbonique qui se dégagent d'un litre de moût.

Refroidissement du moût. — La fermentation alcoolique est donc un véritable phénomène de combustion, une source considérable de chaleur qui, lorsque le temps est frais, amène lentement le moût à la température la plus favorable. Mais par les grandes chaleurs, alors que le raisin est déjà chaud quand il arrive dans la cuve, la fermentation commence immédiatement, élevant encore la température, qui bientôt atteint ou même dépasse 35° à 40°. La levure est à peu près tuée; s'il reste à ce moment du sucre dans le moût, sa transformation est désormais impossible. Le vin reste *douceâtre*, c'est

Fig. 5. THERMOMÈTRE-SONDE pour prendre la température du moût en cuve.

un excellent milieu de développement pour les bactéries pathogènes, milieu d'autant plus favorable, que les raisins ont été cueillis plus mûrs, et par conséquent renferment moins d'acide. Alors apparaissent toutes ces maladies dites : pousse, tourne, casse, fermentation mannitique, etc., qui chaque année causent des dommages considérables aux viticulteurs.

Dans les pays du Centre et de l'Est, ces accidents sont relativement rares. Ils sont plus fréquents dans les pays du Sud, en Italie, en Algérie et Tunisie, ainsi que dans le Midi de la France.

Mais indépendamment du danger, que fait courir aux vins une fermentation s'effectuant à trop haute température, il y a intérêt évident à ce que celle-ci ait lieu à une température modérée. Voici quelques résultats probants, obtenus par M. Müntz et qui montrent bien l'influence de la température des moûts sur la richesse alcoolique du vin. Des foudres remplis de raisin de même espèce, mais ayant fermenté à des températures différentes, ont montré que, lorsque la fermentation se faisait à une température de 32 à 33 degrés, « la richesse alcoolique « atteignait en *quelques jours* 11°65, c'est-à-dire le « maximum correspondant à la richesse saccharine des moûts. Les vins avaient, à ce moment, « la fermeté et la limpidité qui assurent leur bonne « conservation ».

Ceux fermentés aux environs de 37°, au contraire, ne montaient que difficilement à 10°7 ou 10°9 bien qu'ils provinssent de la même vendange. Ils restaient douceâtres et louches pendant plusieurs semaines. Les fermentations ultérieures, en tonneau, leur faisaient atteindre finalement 11° environ.

Plus récemment encore, M. Roos, directeur de la Station œnologique de l'Hérault, faisant fermenter des moûts à quatre températures, 25°, 30°, 35°, 40°, obtenait les résultats suivants. Le moût primitif contenait 190 grammes de sucre par litre. Après fermentation avaient disparu :

à 25°	à 30°	à 35°	à 40°
187gr50	188gr	167gr10	163gr

qui donnèrent respectivement des vins à

10°9	10°9	9°6	9°3

La fermentation à température modérée élève donc le degré alcoolique du vin, tandis qu'avec une température plus élevée, la fermentation est ralentie, le sucre restant est transformé par des fermentations secondaires en produits autres que l'alcool. D'où perte dans le degré du vin et production de matières altérant la qualité, sans compter que bien souvent les maladies de la casse, de la graisse, de la tourne, n'ont pas d'autre cause.

Enfin l'élévation de température détermine la volatilisation d'une partie de ces principes instables et mal définis, qui donnent au vin son arome et son bouquet.

Il semble aujourd'hui bien établi que la température la plus favorable pour obtenir le maximum de rendement en alcool est celle de 30 degrés, et que les écarts thermiques, dans un sens ou dans l'autre, seront accusés par une perte en degrés d'autant plus considérable que l'écart aura été plus fort.

Mille moyens ont été proposés pour obtenir la réfrigération et surtout éviter l'élévation exagérée de la température du moût.

On a proposé la vendange nocturne, l'exposition du raisin à la fraîcheur de la nuit, tous procédés assez peu pratiques. Certains mêmes ne craignent pas d'arroser d'eau froide les raisins. Incontestablement, la fermentation s'en trouve régularisée, mais c'est une véritable fraude, assimilable au mouillage des vins.

M. le capitaine Toutée emploie des cuves métalliques en tôle émaillée de 125 hectolitres, entourées d'une chemise de vieux sacs, sur lesquels on pulvérise de l'eau.

Ces cuves sont placées dans un cellier, largement ouvert au niveau du sol, de manière que l'air se renouvelle le plus rapidement possible. La réfrigération est intense. On a ainsi pu observer jusqu'à 11 degrés de différence entre la température extérieure et celle du moût.

C'est un excellent procédé, très simple et à recommander dans les régions viticoles aux étés brûlants. Son seul inconvénient est qu'il entraîne un changement complet de la vaisselle vinaire, ce qui, au point de vue financier, constitue pour beaucoup un sérieux défaut.

On a enfin proposé de faire circuler le moût dans des appareils réfrigérants. Tel est le réfrigérant tubulaire Deroy fils aîné, système Müntz et Rousseaux. Une pompe aspire le moût au bas de la cuve, le refoule dans le réfrigérant composé d'une double série de tubes horizontaux de cuivre, placés dans deux plans verticaux parallèles, et communiquant entre eux dans le même plan, à la façon d'un serpentin à branches horizontales. Le moût à refroidir entre par le tube inférieur d'une des deux séries, parcourt en remontant tous les

Fig. 6. — RÉFRIGÉRANT TUBULAIRE, système Muntz et Rousseaux.

tubes horizontaux qui la composent et, arrivé au plus élevé, est ramené par un raccord au tube inférieur de la deuxième série où commence une nouvelle ascension. Au-dessus des deux plans de tube est une gouttière pleine d'eau, qui, par des trous très fins, coule en minces filets tout autour des tubes.

D'autres appareils analogues, en particulier celui de M. Trollier, celui de MM. Roos et Baul sont également très recommandables. Ils n'ont tous qu'un défaut, c'est qu'ils exigent une assez grande dépense d'eau, chose souvent trop précieuse et trop rare, en Algérie par exemple, pour qu'on puisse avoir recours à ces systèmes.

Durée de la cuvaison. — Nous avons précédemment indiqué quelles sont les conditions qui influent sur l'activité de la fermentation.

L'élévation de la température, la maturité du cépage, la nature des cuves employées, l'addition des levures spéciales sont autant de causes qui peuvent modifier la durée de la fermentation. Cette durée peut varier de deux à huit jours en moyenne. On ne s'entend guère, d'ailleurs, *sur la durée normale* de la cuvaison. Pour les uns, il faudrait décuver dès que la cessation de la chaleur résultant de la fermentation est évidente, dès que l'oreille, appliquée à la cuve, n'entend plus bouillonner.

Pour les autres, au contraire, il convient de prolonger le séjour du vin sur les marcs : la fermentation s'y complète, le vin prend plus de couleur, gagne en acide et en verdeur, conditions plutôt favorables lorsqu'un vin doit rester deux ou trois ans en cave avant de figurer sur le marché.

Il en est même, qui prolongent la cuvaison durant 20 et 30 jours, voire même deux à trois mois, comme dans le Jura et en Alsace. Ceux-ci sont dans l'erreur, très certainement. Par un séjour trop prolongé, la macération du marc introduit dans le vin des principes de la grappe de saveur désagréable, qui ne peuvent en aucune façon améliorer le vin.

En réalité, moins un vin séjourne en cuve, plus il est délicat, faible en couleur et en acide.

Plus il séjourne, plus il se charge en couleur, plus il prend d'acidité et de verdeur, plus il est rude et corsé.

Tout dépend donc de l'usage que l'on veut en

faire. Il faut aussi tenir compte de la cuve que l'on emploie. Avec les cuves fermées, les dangers d'acétification étant à peu près nuls, il y a moins d'inconvénient à prolonger quelque peu la fermentation.

Avec les cuves ouvertes, à chapeau flottant, il faut décuver au plus vite, dès que la fermentation cesse.

Enfin, on peut accepter l'indication suivante : dès que le vin, ramené à la température de 15°, ne pèse plus que zéro à l'aréomètre Baumé, on peut décuver. Cela suppose encore qu'il reste dans le vin une assez forte proportion de sucre, car le titre habituel du vin fait est de un à deux degrés au-dessus de zéro : mais la fermentation se continue dans les futailles. l'opération du décuvage, en aérant le liquide, donne aux ferments un regain d'activité, suffisant à parachever la transformation du sucre.

En résumé : avec des cuves ouvertes, décuver dès que l'ébullition a cessé et que la température tombe, mais avoir soin de multiplier les foulages vers la fin de la fermentation. Avec des cuves fermées, opérer de même. si l'on tient plus à la finesse, à la délicatesse du vin qu'à la couleur et à l'acidité : en tous cas, s'assurer que la presque totalité du sucre a disparu. sinon prolonger le séjour, surtout si le vin est destiné à des coupages et si par conséquent il doit être coloré ou si, devant rester assez longtemps en cave avant la vente, l'excès d'acidité et d'âpreté du vin a le temps de disparaître.

Décuvage. Le vin, une fois achevé, se tire de la

cuve ou du foudre par un robinet placé à la partie inférieure.

L'ouverture intérieure de ce robinet a été protégée par une petite grille ou claie placée lors de l'introduction de la vendange dans la cuve. Cette sorte de grille empêche les grains et autres produits solides d'entrer dans le robinet et d'obstruer le passage du liquide.

Le vin est alors versé immédiatement dans des fûts bien propres et réparti également entre tous, de façon à avoir un vin plus homogène, le bas de la cuve n'ayant ni même couleur ni même goût que le dessus.

CHAPITRE VII

Deux nouveaux procédés de vinification.

1° **Stérilisation des moûts**. — L'idée. très naturelle d'ailleurs, de stériliser les moûts pour y détruire les germes multiples. levures et ferments nuisibles. qui s'y trouvent contenus. avait été depuis longtemps proposée et même avait donné lieu à quelques expériences. de résultat douteux, parce qu'elles avaient été mal conduites. Des expériences plus récentes, cette fois couronnées de succès, ont prouvé que cette opération constituait un progrès considérable en vinification.

Ce procédé consiste à chauffer les moûts à une température de 60 à 65 degrés, de manière à tuer les levures et tous les ferments pathogènes en suspension. Contrairement à ce qu'on pouvait supposer. ce chauffage ne fait absolument rien perdre des principes volatils du moût qui. de plus, ne contracte pas le moindre goût de cuit, si l'opération est bien conduite.

Ces moûts renfermeront toute la matière colorante du raisin si. au lieu de chauffer le moût seul, on chauffe toute la vendange de raisins à peau noire et à chair blanche.

Après stérilisation. les moûts sont refroidis et ensemencés de levures pures et la vinification s'achève à la façon ordinaire.

Aux vendanges de 1897-1898, plus de 100.000 kilos de raisins ont été, aussi bien en Tunisie qu'en France, soumis à ce traitement, et cela dans sept stations différentes.

Voici, d'après l'un des savants qui se sont le plus occupés de cette question, M. Rosenstiehl, les résultats obtenus jusqu'ici dans quelques expériences.

1ʳᵉ expérience. — Ferme Pilter, à Ksar-Tyr, 1897. — La supériorité du vin fait après stérilisation des moûts, sur le vin fait à la mode habituelle est très marquée. Il est resté indemne de toute maladie, alors que le vin témoin a perdu sa couleur et sa fraîcheur, par suite de la maladie de la tourne, fléau constant des vins rouges d'Afrique et de bien d'autres d'ailleurs.

2ᵉ expérience. — En Bourgogne, vendanges 1898. — La saison étant très avancée, la cueillette fut interrompue par des jours froids et pluvieux. Le raisin de Pinot arrive recouvert d'une *abondante couche de moisissures.* On fait deux vins avec ce raisin. L'un, dit témoin, fait suivant les procédés habituels, n'a pas réussi. C'est un liquide brun, plat et sans goût, qu'aucun dégustateur n'a consenti à considérer comme du vin. Ce même raisin a donné un moût qui, stérilisé et ensemencé, a fourni un vin normalement coloré et de même nature que le vin de Pinot fait avec du raisin sélectionné, dans le but d'en faire une cuve de premier choix.

Examiné au microscope, les deux vins, vin témoin et vin de cette cuve de choix, contiennent en abondance les bâtonnets de la maladie de la tourne. Les vins issus du moût stérilisé en sont totalement exempts.

On voit, d'après cette observation, toute la sécurité que procure le chauffage préalable de la vendange.

En somme, avec un raisin tout venant et moisi, qui après fermentation n'a rien donné de buvable, on a obtenu un vin, qui soutient victorieusement la comparaison avec un vin de premier choix et qui a sur celui-ci l'avantage d'être sain, tandis que la durée de l'autre est dès maintenant compromise.

3ᵉ expérience. — Le moût rouge stérilisé provenant de 80 hectolitres de vendange (Beaujolais), fut divisé en six lots et ensemencés de levures différentes, provenant des grands crus du Beaujolais et de la Bourgogne. Du vin témoin fut fait avec les mêmes raisins, mais dont le moût n'avait pas été stérilisé. Des soins identiques furent donnés, après fermentation, à tous ces vins. Les dégustateurs reconnurent la supériorité comme finesse, corps, richesse alcoolique, brillant et bouquet des vins d'expérience par rapport au témoin, à tel point qu'ils eurent peine à croire à une même provenance, mais ne trouvèrent pas grande différence entre les vins levurés, malgré la différence d'origine des levures.

Il semble même qu'au simple point de vue du bouquet, les levures brutes des grands vins donnent un résultat meilleur. Mais leur emploi est cependant moins recommandable que celui des levures sélectionnées, car elles peuvent introduire avec elles des germes de maladies, et de plus elles fournissent un peu moins d'alcool.

Enfin des expériences faites à l'Ecole d'agriculture de Tunis, ont donné les résultats suivants, contrôlés par le D' Loir, directeur de l'Institut Pasteur à Tunis :

Vin plus coloré, sans goût de terroir ; transformation complète du sucre, plus grande richesse alcoolique. Plus grand rendement au pressurage. Tels sont les résultats pour les vins issus des moûts stérilisés.

Cette augmentation du rendement au pressurage s'explique par l'action de la chaleur sur les tissus des grains. Les cellules sont désorganisées, leurs parois dissociées, elles ont perdu leur élasticité, par conséquent se laissent beaucoup plus complètement vider de leur contenu, sous l'action du pressoir.

Conclusions. — 1° La stérilisation des moûts de vendange met donc à l'abri des aléas nombreux, résultant des maladies toujours possibles des vins faits au contact des ferments pathogènes, qui se trouvent en suspension dans les moûts ; 2° au point de vue de la qualité, couleur, finesse et bouquet, ce nouveau procédé de vinification semble notablement supérieur au procédé ancien.

2° Vinification par diffusion. — Cette opération consiste à déplacer par l'eau qui se substitue à elles, les substances liquides ou solubles contenues dans le grain du raisin. Pour cela on fait couler lentement de l'eau sur la vendange foulée. Cette eau pénètre dans le grain, se charge d'une partie des principes qu'il contient et s'échappe de la cuve, pour pénétrer dans une seconde, où elle s'enrichit encore, puis dans une troisième, une quatrième, etc. Ce liquide devient de plus en plus riche, si bien qu'à la sortie de la dernière cuve, c'est un véritable moût ayant mêmes composition et propriété qu'un moût normal, mais dont la fermentation, qui peut être différée aussi longtemps que nécessaire, après stérilisation préalable, donne des résultats remarquablement supérieurs à ceux obtenus par les procédés habituels.

Déjà depuis quelques années, on utilise en sucrerie et en cidrerie un procédé analogue pour l'épuisement complet de la betterave et des pommes.

Appliqué à la vinification, ce procédé peut servir à deux fins :

1° Il permet d'obtenir l'extraction et l'épuisement, *avant toute fermentation*, des matières sucrées, colorantes et extractives que renferme la vendange et de n'envoyer ainsi à la cuve que le moût enrichi des principes extractifs du raisin ;

2° Lorsque, au contraire, la vendange a fermenté avec toutes ses parties solides, il permet d'extraire, après le décuvage, du marc égoutté et *non pressuré*, le vin qu'il contient, *sans le faire passer par le pressoir*.

L'appareil dont s'est servi M. Pierre Andrieu, qui s'est occupé de cette question aux dernières vendanges 1898, se composait de 10 cuves légèrement tronconiques, en bois, de 1ᵐ20 de haut sur 0ᵐ90 de diamètre extérieur, pouvant recevoir chacune 720 kilos de vendange foulée et plus de 1,100 si, pendant leur remplissage, on en laisse échapper la partie liquide en ouvrant le robinet inférieur.

Dans chaque cuve, le liquide circule de haut en

bas et chacune d'elles est reliée par la base au sommet de la suivante, au moyen d'un tube en cuivre fixé par des raccords. A l'intérieur de chaque cuve, sont placées deux claies en cuivre étamé, qui soutiennent le marc, l'une sur le fond, l'autre à mi-hauteur. Chaque claie est représentée par une feuille de cuivre percée de trous. Cette feuille est fortement ondulée ou plissée, de façon à ce que la surface ainsi engendrée possède un nombre de trous tel, que la somme de leurs surfaces soit à peu près égale à celle du cercle où la claie est placée. Le rôle de ces claies est de régulariser la circulation du liquide, d'empêcher le marc, par son poids, de se feutrer et d'obstruer le passage du liquide. Ces claies sont reliées à un axe vertical, qu'un palan peut soulever. On retire ainsi claie et marc. Quand les neuf cuves ont été remplies de vendange, la batterie a été mise en fonction, en faisant arriver l'eau au sommet de la cuve de tête, au moyen d'un tube de caoutchouc amorcé à un réservoir placé à 5^{m}50 de hauteur. Le liquide circule ainsi de la 1re à la 9e cuve. Durant ce temps, on remplit de vendange la 10e.

Quand le liquide s'échappe de la neuvième, il est passé dans la cuve n° 1 neuf fois le volume d'eau que peut contenir une cuve : chacun d'eux a soustrait à la cuve une partie des matières extractives du raisin qui y est contenu; quand on a recueilli 620 litres de moût, la première cuve est épuisée. On l'isole et on ajoute la dixième à la batterie. On vide la première et on la recharge de vendange. La deuxième est ensuite épuisée : on rajuste la première après la dixième et on enlève la deuxième, etc. On peut ainsi en 40 minutes épuiser complèlement 720 kilos de vendange. Il reste dans les cuves de l'eau qui s'est substituée au moût et 200 kilos de marc environ.

Par le procédé ordinaire, on obtient avec les mêmes cépages, pour 130 kilos de vendange, 1 hectolitre de vin et 20 kilos de marc pressé, contenant 10 litres de vin. Par l'épuisement par diffusion, on obtient 112 litres de moût, soit 12 litres en plus; soit un gain de 1 fr. 80 environ par hectolitre en faveur du nouveau procédé, sans compter ce résultat, qui a bien sa valeur, d'avoir du vin homogène et de même qualité, puisqu'il supprime le vin de presse, qui est toujours de qualité inférieure.

L'inventeur eut alors l'idée, mettant à profit une observation de M. Rosenstiehl, de chauffer à 60-70 degrés la cuve n° 4. On sait, en effet, qu'à chaud le moût se colore de façon beaucoup plus intense. Le moût chaud dissoudrait donc les matières colorantes des cuves quatrième et suivantes, qui, contenant de la vendange fraîche, refroidissent le moût qui sort froid et presque limpide, par filtration à travers les pellicules du raisin.

L'appareil servant à l'échauffement, ou caléfacteur, se compose d'une chaudière avec son fourneau et d'un cylindre vertical : chaudière et cylindre sont pleins d'eau chaude. Dans le cylindre se trouve une série de tubes que parcourt le moût. L'appareil est toujours placé entre la troisième et la quatrième cuve, reçoit le moût venu de la troisième et le rend chaud à la quatrième. Chaque fois qu'on enlève la première cuve, on recule l'appareil d'un rang de façon à ce qu'il soit toujours à la même distance de la cuve de tête.

Voici le résumé des résultats obtenus :

1° En opérant à froid, on obtient par le procédé par diffusion :

a) Une quantité de vin plus grande se traduisant, au prix de 20 fr. l'hecto, par un bénéfice de 1 fr. 80 par hectolitre.

b) Le remplacement du vin de pressoir par un vin entièrement de goutte;

c) Des vins moins chargés de couleur et de matières extractives, plus délicats de goût par conséquent.

2° En opérant avec le caléfacteur on a, en plus des avantages *a* et *b*, une plus grande teneur en sucre et des vins aussi riches en couleur et en matières extractives que le permettra la nature du raisin employé : ce qui, pour *certains vins* de coupage, par exemple, a son importance.

La fermentation s'effectuant loin du marc, est plus régulière sans élévation anormale de température, ni cause possible d'acétification, puisque le chapeau n'existe plus.

Le pressurage est supprimé, ainsi que le décuvage, simplement remplacé par un soutirage fait à loisir, laissant peu de lies, puisque le moût ne contient pas de bourbes.

Ce vin se dépouille mieux, plus vite, est plus tôt marchand.

Il en résulte, en outre, une simplification notable du matériel vinicole, puisqu'il suffira d'un appareil de diffusion, d'un fouloir, dont on peut même se passer en foulant à pieds d'homme, et de fûts de 200 à 600 litres, pour recevoir les moûts à leur sortie du diffuseur et où s'accomplira la fermentation.

Le procédé permet enfin la stérilisation du moût et. par conséquent, un emploi plus *sûr* des levures sélectionnées.

CHAPITRE VIII

Amélioration de la vendange.

La composition moyenne d'un moût est environ
la suivante, car il y a des variations considérables
suivant les pays, l'année, le cépage, le sol, l'exposition :

Eau pure	78
Sucre (glucose et levulose)	20
Acides inorganiques	0.25
Sels organiques (bitartrate de potasse)	1.50
Sels minéraux	0.20
Albumine, huiles essentielles, matières colorantes et mucilagineuses	0.05

Il peut y avoir insuffisance de l'un ou de plusieurs de ces principes dans le moût ou excès de certains autres.

1° **Insuffisance de sucre.** — 1° Le sucre peut être
en proportion insuffisante. Cela se produit lorsque,
par suite d'une année pluvieuse et froide, ou de
l'envahissement de la vigne par certaines maladies
cryptogamiques, insectes, etc., le raisin ne peut
arriver à un degré suffisant de maturité.

Dans ces cas, mais dans ces cas seulement, il est
opportun d'améliorer par une addition de sucre
les vendanges incomplètement mûres.

Pour cela, on déterminera donc la teneur en sucre du moût.

Il existe des procédés très précis permettant de déterminer exactement cette teneur en sucre. Ils sont d'application peut-être un peu difficile, pour des personnes qui n'auraient jamais été initiées aux manipulations chimiques.

Il est beaucoup plus simple d'opérer avec des appareils moins exacts, il est vrai, mais d'approximation suffisante, étant donné le but poursuivi.

Ce sont les aréomètres. L'un des plus employés est l'aréomètre de Baumé. Il se compose d'un tube cylindrique en verre, de très petit diamètre, portant une graduation. A sa partie inférieure, ce tube se renfle en une sorte de boule, ou de dilatation cylindrique servant de flotteur et enfin se termine par un renflement sphérique, rempli d'un corps pesant : mercure ou plomb. Plongé dans l'eau à 15°, ce tube s'enfonce presque jusqu'au sommet, jusqu'à une ligne portant la graduation 0. Plus le liquide où on plonge l'instrument est pesant, moins il plonge. Or, plus un moût contient de sucre, plus il est pesant et moins par conséquent l'aréomètre s'y enfonce. On dira donc qu'un moût pèse 8° Baumé, lorsque l'aréomètre Baumé, plongé dans ce moût, s'arrête à la division 8°.

Or, coïncidence curieuse et en tous cas commode, le degré en sucre du moût représente *à peu près* le degré en alcool du vin qui en résulte. Un moût ayant, par exemple, une richesse saccharine de 9 degrés Baumé donnera, si la fermentation se fait régulièrement, du vin pesant 8°7 degrés d'alcool. Ces instruments sont d'une très grande sensibilité et gradués en 1 10 de degrés.

Un autre instrument très répandu, ayant à peu près même forme que l'aréomètre et s'employant comme lui, est le *glucomètre du docteur Guyot*. Il porte sur sa tige une triple graduation indiquant, l'une le degré Baumé du moût, l'autre sa richesse en sucre, la troisième la quantité pour cent d'alcool, qu'aura le vin une fois fait.

Nous signalerons enfin le densimètre de Gay-Lussac ou mustimètre Salleron, le plus complet de tous, qui donne, à l'aide de tables accompagnant l'instrument et que nous reproduisons ci-contre, toutes les indications utiles aux viticulteurs.

Cet appareil porte la graduation centésimale de Gay-Lussac : il indique en grammes le poids d'un litre du liquide, dans lequel il est plongé. Plongé dans l'eau, il s'enfoncera donc jusqu'au trait 1000, puisqu'un litre d'eau pèse 1000 grammes. On peut donc facilement savoir avec lui le poids d'un litre de moût ou de vin : ce qui peut être utile lorsqu'on veut, sans dépoter, connaitre la contenance d'un fût rempli de liquide, connaissant son poids.

Les tables accompagnant l'appareil indiquent :

1° La correspondance de sa graduation avec celle de l'aréomètre Baumé ;

2° Le poids en grammes de sucre de raisin que contient 1 litre de moût ;

3° La richesse alcoolique qu'aura le vin fait en admettant que tout le sucre subisse la fermentation ;

4° Le poids de sucre cristallisé blanc, qu'il faut ajouter à un litre de moût, pour que le vin contienne après fermentation 10 degrés d'alcool, proportion la plus favorable, d'après Chaptal, pour qu'un vin soit de bonne qualité et de conservation assurée;

5° L'eau qu'il faut ajouter à un litre de moût pour le ramener à une teneur plus normale, par exemple 10° Baumé, ou 1075 du muslimètre, ce qui donne du vin à 10 degrés d'alcool.

Enfin, une table spéciale, dite de correction de température, que nous reproduisons ci-contre, indique les modifications, qu'il faut faire subir aux indications fournies par l'appareil, lorsque la température du liquide est supérieure ou inférieure à 15°, correction négligeable d'ailleurs.

Correction de la densité du moût suivant la température.

Température	Corrections	Température	Corrections	Température	Corrections
10°	0.6	21°	+ 1.1	31°	+ 3.7
11°	0.5	22°	+ 1.3	32°	+ 4.0
12°	0.4	23°	+ 1.6	33°	+ 4.3
13°	0.3	24°	+ 1.8	34°	+ 4.6
14°	0.2	25°	+ 2.0	35°	+ 5.0
15°	0	26°	+ 2.3	36°	+ 5.3
16°	à ajouter + 0.1	27°	+ 2.6	37°	+ 5 7
17°	+ 0.3	28°	+ 2.8	38°	+ 6.0
18°	+ 0.5	29°	+ 3.1	39°	+ 6.4
19°	+ 0.7	30°	+ 3.4	40°	+ 6.8
20°	+ 0.9				

Richesses saccharine et alcoolique du moût de raisin.

Densité en degrés du densimètre de Paris (poids en grammes d'un litre de moût)	Degrés de l'alcoomètre pour cent en glucose	Grammes de sucre par litre de moût	Richesse alcoolique du vin fini — Litres d'alcool pur par hectolitre	Sucre cristallisable qu'il faut ajouter pour porter le vin à 10° d'alcool	Poids qu'il faut ajouter à un litre de moût pour le faire monter à la densité 1075 (100 litres)
1035	4.9	63	3.7	107	
1036	5.0	66	3.9	104	
1037	5.1	69	4.0	102	
1038	5.3	72	4.2	99	
1039	5.5	74	4.4	95	
1040	5.6	76	4.5	93	
1041	5.7	80	4.7	90	
1042	5.8	82	4.8	88	
1043	5.9	84	5.0	85	
1044	6.0	87	5.1	83	
1045	6.1	90	5.3	80	
1046	6.3	92	5.4	78	
1047	6.4	95	5.6	75	
1048	6.6	98	5.7	73	
1049	6.7	100	5.9	70	
1050	6.9	103	6.0	68	
1051	7.0	105	6.2	65	
1052	7.1	108	6.3	63	
1053	7.2	111	6.5	59	
1054	7.4	114	6.7	56	
1055	7.5	116	6.8	54	
1056	7.6	119	7.0	51	
1057	7.8	122	7.2	48	
1058	7.9	124	7.3	46	
1059	8.0	127	7.5	42	
1060	8.1	130	7.6	41	
1061	8.3	132	7.8	37	
1062	8.4	135	7.9	36	
1063	8.5	138	8.1	32	
1064	8.6	140	8.2	31	
1065	8.8	143	8.4	27	
1066	8.9	146	8.6	24	
1067	9.0	148	8.7	22	
1068	9.2	151	8.9	19	
1069	9.3	154	9.0	17	
1070	9.4	156	9.2	13	
1071	9.5	159	9.3	12	
1072	9.7	162	9.5	8	
1073	9.8	164	9.6	7	
1074	9.9	167	9.8	3	
1075	10.0	170	10.0		
1076	10.2	172	10.1		1
1077	10.3	175	10.3		2

Richesses saccharine et alcoolique du moût de raisin (suite).

Densités ou degrés du densimètre de Poids en grammes d'un litre de moût	Degrés de l'aréomètre de Baumé pèse-moûts ou gluco-œnomètre	Grammes de sucre p. litre de moût	Richesse alcoolique du vin fait. Litres d'alcool pur par hectolitre	Sucre cristallisable qu'il faut ajouter à un litre de moût pour obtenir du vin à 10° d'alcool. grammes	Eau qu'il faut ajouter à un litre de moût pour le ramener à la densité 1075 (10° Baumé). centilitres
1078	10.4	178	10.5		4
1079	10.5	180	10.6		5
1080	10.7	183	10.8		6
1081	10.8	186	10.9		8
1082	10.9	188	11.0		9
1083	11.0	191	11.2		10
1084	11.1	194	11.4		12
1085	11.3	196	11.5		13
1086	11.4	199	11.7		14
1087	11.5	202	11.9		16
1088	11.6	204	12.0		17
1089	11.7	207	12.2		18
1090	11.9	210	12.3		20
1091	12.0	212	12.5		21
1092	12.1	215	12.6		22
1093	12.3	218	12.8		24
1094	12.4	220	12.9		25
1095	12.5	223	13.1		26
1096	12.6	226	13.3		28
1097	12.7	228	13.4		29
1098	12.9	231	13.6		30
1099	13.0	234	13.8		31
1100	13.1	236	13.9		33
1101	13.2	239	14.1		34
1102	13.3	242	14.3		36
1103	13.5	244	14.4		37
1104	13.6	247	14.6		38
1105	13.7	250	14.7		40
1106	13.8	252	14.9		41
1107	13.9	255	15.0		42
1108	14.0	258	15.2		43
1109	14.2	260	15.3		45
1110	14.3	263	15.5		46
1111	14.4	266	15.7		48
1112	14.5	268	15.9		49
1113	14.6	271	16.0		50
1114	14.7	274	16.2		52
1115	14.8	276	16.3		53
1116	15.0	279	16.4		54
1117	15.1	282	16.6		56
1118	15.2	284	16.7		57
1119	15.3	287	16.9		59
1120	15.4	290	17.1		60

Exemple : un moût à la température de 12° pèse 1044 : à 15° il pèserait 0,4 de moins, c'est-à-dire 1043,6 :

Un litre pèsera donc 1043gr6 et un hectolitre 104k360.

Le degré de ce moût exprimé en degrés Baumé est de 6° environ.

Il contient 87 grammes de sucre par litre.

Le vin, qui en résultera, pèsera 5°1. Il faudra donc, pour obtenir du vin à 10°, ajouter au moût 83 grammes de sucre par litre.

Quant à la quantité de sucre à ajouter à la vendange, s'il est vrai qu'une richesse alcoolique de 10° est pour les bons vins ordinaires une proportion moyenne, au-dessous de laquelle on pourra ajouter du sucre, il est cependant beaucoup plus sage de ne faire cette addition, que lorsque la teneur en sucre du moût est inférieure à celle d'une *bonne année moyenne*, dans le vignoble considéré. On n'ajoutera même que la proportion juste nécessaire, pour rétablir cette proportion optimum, celle qui incontestablement s'accorde le mieux avec les autres qualités du vin, puisqu'elle correspond à la maturité des raisins employés.

Dans ce cas, si on emploie l'aréomètre Baumé, on a le poids du sucre, qu'il faut ajouter par hectolitre de moût, en multipliant par 1 kilo 70 la différence du nombre de degrés du vin résultant du moût essayé, avec celui du vin d'une année normale.

Exemple : Un moût pèse 6°. Il donnerait du vin à 5°1. Dans une bonne année moyenne, il pèse 9°5, donnant par conséquent du vin à 9°3. Je prends la différence des deux degrés alcooliques : 9.3 — 5.1 = 4.2, je la multiplie par 1.7 et le résultat, 7.14, indique qu'il faut ajouter 7 kilos 140 grammes par hectolitre de vin pour avoir le vin d'une année normale.

Si l'on se sert du mustimètre Salleron, il faut multiplier par 271 la différence de degrés entre les deux moûts, celui d'une bonne année moyenne et celui sur lequel on opère.

Exemple : Le moût pèse 1044 (= 6° Baumé). Celui d'une bonne année, 1071 (= 9 5 Baumé). Je multiplie par 271 la différence : 1071 — 1044 = 27, et je trouve 7317. C'est-à-dire qu'il faut ajouter 7 kilos 317 grammes pour avoir le vin d'une année normale.

La légère discordance existant entre les deux résultats obtenus, tient à ce que la précision des indications fournies par les deux instruments, aréomètre et mustimètre, n'est pas la même. Nous donnerons incontestablement la préférence au mustimètre.

Tous ces appareils ont pour eux la facilité de l'emploi, qui ne réclame aucune connaissance des manipulations chimiques, même les plus élémentaires.

En revanche, leurs résultats ne font qu'approcher de la vérité. Ils ne sont pas rigoureusement exacts, car la densité des moûts ne dépend pas seulement du sucre qu'ils contiennent, mais aussi de toutes les autres substances, sels, acides, matières organiques, qui entrent dans leur composition et dont les proportions varient avec les différents moûts. L'erreur qui en résulte n'est, d'ailleurs, pas très considérable.

A celui-là donc qui tient à savoir *exactement* la teneur en sucre d'un moût ou du vin, il ne reste qu'à faire le dosage par voie chimique de ce sucre.

C'est d'ailleurs assez simple, et à la portée du plus ignorant, car la seule condition est d'avoir des solutions exactement titrées, ce qui n'est pas difficile, puisqu'on peut s'en procurer soit chez un pharmacien, soit chez les marchands d'appareils servant à l'œnologie (1).

Et voici comment on opère : on prépare un moût, en écrasant entre les mains bien propres, ou bien à l'aide d'une petite presse spéciale, quelques

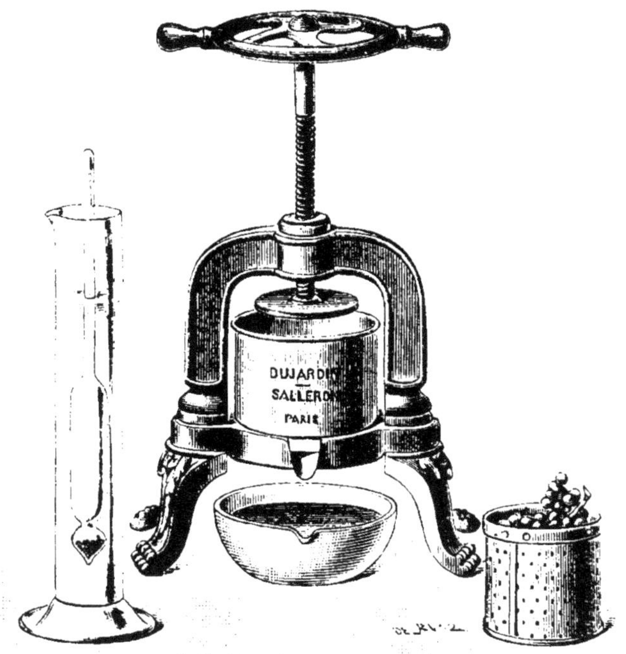

Fig. 7. — PRESSE A MOUT
avec éprouvette et mustimètre.

raisins pris un peu partout dans la vigne, de façon à faire comme une moyenne de la récolte. On filtre sur un linge pour enlever rafles et pépins.

(1) Dujardin, 24, rue Pavée, Paris.

On prend, à l'aide d'une pipette. 10cc de ce liquide qu'on verse dans un ballon jaugé mesurant 200 centimètres cubes, soit 1,5 de litre. On complète avec de l'eau jusqu'au trait et on agite pour bien mélanger. Le liquide ainsi préparé contient évidemment 20 fois moins de sucre que le moût, on devra donc multiplier le résultat obtenu par 20. C'est pour que l'opération marche plus régulièrement, qu'on a ainsi étendu le liquide.

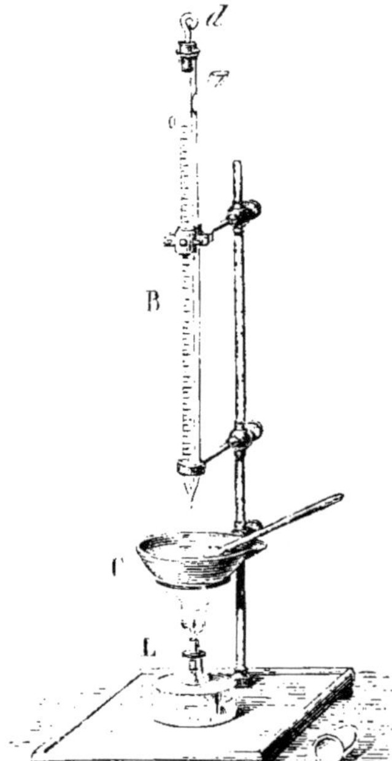

Fig. 8. — APPAREIL POUR LE DOSAGE DU SUCRE.

B. Burette graduée avec son support.

C. Capsule en porcelaine.

L. Lampe à alcool.

d. Anneau réglant l'écoulement du liquide.

On prend maintenant une burette graduée en 1 10e de centimètre cube, on y verse jusqu'au zéro de la graduation ce liquide sucré et on installe au-dessous de la burette, maintenue par son support, une capsule en porcelaine contenant 10 centimètres cubes de *liqueur bleue de Fehling*. On y ajoute environ le même volume d'eau distillée et une ou deux pastilles de potasse caustique, pour neutraliser l'acidité du moût.

On fait bouillir le liquide, à l'aide d'une petite lampe à alcool.

On laisse alors couler goutte à goutte le liquide sucré de la burette. Pour cela, si on emploie la burette à soupape figurée ci-dessous et qui est très recommandable, on tourne légèrement l'anneau A.

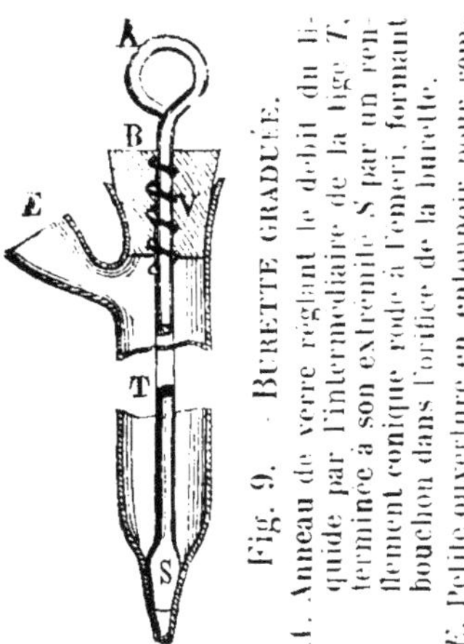

Fig. 9. — BURETTE GRADUÉE.

A. Anneau de verre réglant le débit du liquide par l'intermédiaire de la tige T, terminée à son extrémité S par un renflement conique rodé à l'émeri, formant bouchon dans l'orifice de la burette.

E. Petite ouverture en entonnoir pour remplir la burette.

A chaque goutte de liquide sucré qui tombe, la liqueur bleue change de couleur, il se forme comme un nuage verdâtre, puis orange qui tombe au fond de la capsule, sous forme d'une poudre rouge d'oxydule de cuivre. On arrête l'ébullition et on laisse le précipité se réunir au fond du vase. Si le liquide qui surnage reste bleu, on continue à chauffer légèrement et à laisser tomber de la solution sucrée, en surveillant très soigneusement le moment précis où le liquide est complètement décoloré. Il faut s'arrêter au moment précis où l'addition d'une ou deux gouttes nouvelles amène une légère teinte jaune. La seule difficulté de l'opération, plus longue à décrire qu'à exécuter, est de savoir reconnaitre ce moment précis car, assez fréquemment, le précipité est si ténu qu'il reste longtemps en suspension et masque la couleur du liquide.

Voici un artifice assez commode à employer : on prépare une solution au 1 20ᵉ de *ferrocyanure de potassium* ou *prussiate jaune*, on additionne d'une goutte d'acide acétique. Quelques gouttes de ce mélange sont déposées sur une soucoupe. On touche successivement chacune d'elles, avec l'extrémité d'une baguette de verre trempée dans le liquide de la capsule, au moment où la décoloration semble proche.

Tant qu'il reste du sel de cuivre non précipité par le sucre, la goutte de ferrocyanure de potassium se colore d'un précipité rouge. Dès que le liquide sucré a précipité tout le cuivre, ce précipité rouge ne se produit plus, la goutte de ferrocyanure reste intacte.

On peut encore employer le procédé indiqué par M. L. Mathieu, professeur au lycée de Cherbourg. On ajoute 1 gramme environ de *sulfate de baryte* en poudre à la liqueur cuprique. Ce corps très lourd entraîne mécaniquement les particules en suspension, accélère l'éclaircissement du liquide et, par conséquent, permet de juger plus vite de la couleur de la solution.

On lit alors sur la burette la quantité de centimètres cubes employés.

On sait que pour décolorer les 10ᶜᶜ de liqueur de Fehling employés, il faut 0 gramme 05 de sucre de raisin.

Si on a employé par exemple 9ᶜᶜ 9 de liquide, on dira :

$$9^{cc}9 \text{ de liquide contiennent} \ldots 0^{gr}05 \text{ de sucre.}$$
$$1 \quad - \quad - \quad \ldots \quad \frac{0\ 05}{9.9}$$
$$1.000 \quad - \quad \ldots \quad \frac{0.05 \times 1.000}{9.9}$$

et comme le liquide sucré a été étendu d'eau, qu'il contient 20 fois moins de sucre que le moût, celui-ci contiendra $\dfrac{0.05 \times 1.000 \times 20}{9.9} = 101$ grammes par litre.

La seule difficulté de cette petite manipulation chimique est d'avoir une *liqueur* bleue de *Fehling* bien exactement dosée. On peut la préparer soi-même, si on possède une balance de précision, un petit trébuchet d'analyse. Sinon, on peut la faire préparer par un pharmacien ou l'acheter chez les marchands d'instruments servant à l'analyse des vins et à l'œnologie, par exemple chez Dujardin.

Voici une des nombreuses formules données pour la préparation de cette liqueur :

On prépare séparément
$\begin{cases} a \begin{cases} \textit{Sulfate de cuivre cristallisé pur et} \\ \quad \textit{sec} \dots\dots\dots\dots\dots\dots\ 34^{gr}64 \\ \textit{Eau distillée} \dots\dots\dots\dots\ 140^{gr} \end{cases} \\ b \begin{cases} \text{Tartrate de soude et de potasse (sel} \\ \quad \text{de seignette)} \dots\dots\dots\dots\ 187^{gr} \\ \text{Lessive de soude d'une densité de} \\ \quad 1.14 \text{ ou } 24^{o} \text{ Baumé} \dots\dots\dots\ 500^{gr} \end{cases} \end{cases}$

On mélange les deux solutions, en versant lentement la première dans la seconde, par petites portions et en agitant sans cesse, pour éviter la formation d'un précipité, puis on étend d'eau distillée de façon à faire 1000ᶜᶜ à 15°. 10 centimètres cubes de cette liqueur sont décolorés par 0 gr. 05 de sucre de raisin, et tout le cuivre est précipité en une poudre rouge.

Nature du sucre à employer. — Il faut employer pour le sucrage des vendanges du sucre absolument pur, cristallisé ou en pains. Qu'il provienne des betteraves ou de la canne à sucre, peu importe, le produit étant chimiquement le même. Mais ce qu'il faut éviter avant tout, c'est, dans un but d'économie mal entendue et d'ailleurs minime, d'employer des glucoses, mélasses, sirops variés qui renferment quantité de matières étrangères, capables de donner au vin un goût désagréable et persistant. Même observation pour certains prétendus *sucres de rai-*

sin et autres, ne demandant *aucune formalité de régie*. Ces *sucres de raisin, ou façon raisin*, sont des glucoses massés, extraits la plupart du temps des maïs et contenant une forte proportion de dextrine. On s'expose donc, en les employant, à voir ses vins considérés comme additionnés de dextrine, sans compter que des fermentations secondaires y peuvent développer des odeurs putrides. Nous rappellerons ici que le sucre ou *saccharose* n'est pas identique au sucre du raisin, qu'il est incapable de fermenter directement et qu'il doit, au préalable, être transformé par un produit issu de la levure, et auquel on donne le nom *d'invertine*, en un mélange en proportions égales de deux autres sucres, le *glucose* et le *lévulose*, qui sont précisément ceux qui existent dans le raisin. Cette transformation se fait facilement quand la température est favorable, les ferments abondants et actifs et la quantité de sucre ajoutée peu abondante.

Mais si le temps est froid, les ferments peu actifs, peu nombreux, le moût peu acide, la fermentation languissante et la proportion de sucre ajoutée assez notable, la transformation se fait mal et le vin reste douceâtre. Du sucre reste en solution, constituant un milieu de développement favorable aux autres ferments ou bactéries pathogènes du vin.

Dans ce cas, il est extrêmement utile d'opérer au préalable *l'inversion du saccharose*, c'est-à-dire de le transformer en glucose et lévulose, ce qui diminuera d'autant la besogne de la levure et assurera une fermentation plus rapide et plus complète. Cette transformation est d'ailleurs facile. Il suffit de faire bouillir, pendant trois quarts d'heure ou une heure, le sucre dissous dans une petite quantité de moût et additionné de 4 grammes d'acide sulfurique ou mieux de 10 grammes d'acide tartrique par kilo de sucre employé. On versera ensuite le liquide chaud dans les cuves.

2° **Insuffisance d'acidité.** — La recherche de l'acidité des moûts est aussi importante que la détermination de leur richesse saccharine. Cette acidité joue un rôle considérable dans la fermentation. C'est elle qui s'oppose au développement des innombrables ferments pathogènes apportés par la grappe, les vases mal tenus, les cuves mal soignées, par l'air, etc. Aussi l'insuffisance d'acidité se traduit-elle toujours par une fermentation irrégulière et incomplète, entraînant le trouble du liquide et donnant un produit doucereux, exposé à bref délai aux maladies les plus variées.

On admet, en général, qu'un moût doit contenir de 8 à 12 grammes d'acide par litre.

Cette acidité n'est pas due à un acide unique, mais à un mélange d'acides et de sels acides : entre autres les acides tartrique, malique, succinique, acétique, œnotannique, le bitartrate acide de potasse, etc.

Pour simplifier, on convient d'attribuer l'acidité totale des moûts et des vins à un acide unique, qui serait soit de l'acide tartrique, soit de l'acide sulfurique.

Pour doser l'acidité d'un moût, on peut employer différents procédés :

1° *Mesure de l'acidité à l'aide du tube acidimétrique Salleron-Dujardin.* Il suffit d'avoir le tube figuré ci-contre, une pipette, un flacon de phtaléine du phénol, et un de liqueur titrée (1).

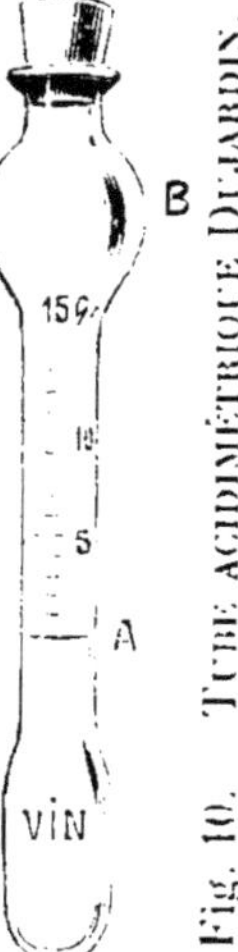

Verser dans le tube, jusqu'au trait A, le moût à essayer, se servir de la pipette pour la fin de l'opération, de façon à affleurer bien exactement le trait. Ajouter 2 gouttes de phtaléine. Verser la liqueur alcaline titrée par petites quantités avec le flacon ou *mieux*, avec la pipette. La phtaléine prend une teinte rose qui disparaît par agitation. On continue à verser doucement jusqu'à ce que le mélange prenne, par l'addition d'une dernière goutte de liqueur alcaline, une teinte rose persistante. On lit alors sur le tube tenu bien verticalement, en regard de la graduation et en face du niveau du liquide, la richesse acide du moût, évaluée en grammes et décigrammes *d'acide tartrique* par litre.

2° *Mesure à l'aide de la burette graduée*. Ce procédé plus exact demande un peu plus de soin. Il exige une burette graduée avec son support, un verre, une pipette, de la phtaléine et de la solution titrée (2).

On chasse l'acide carbonique par quelques secondes d'ébullition.

On filtre le liquide *refroidi*. On en prend 10ᶜᶜ à l'aide de la pipette. On les verse dans le verre à fond large et plat posé sur un papier blanc. On

(1) Prix de l'ensemble : 10 fr.
(2) Acidimètre complet Salleron : 30 fr.

ajoute 50 centimètres cubes d'eau distillée. On remplit la burette de solution titrée, on la fixe sur son support. On ajoute au moût 2 gouttes de phtaléine. On fait couler goutte à goutte la liqueur titrée de la burette, et on s'arrête quand une dernière goutte de liquide donne au tout une couleur rose persistante.

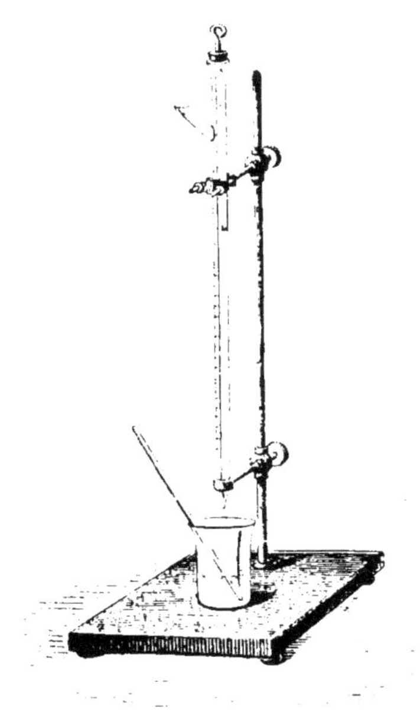

Fig. 11.

APPAREIL ACIDIMÉTRIQUE
composé d'une burette graduée avec support, verre de bohême et agitateur.

Généralement, la teinte naturelle du moût vire au brun verdâtre, mais une ou deux gouttes de liqueur alcaline suffisent pour amener la teinte rose de la phtaléine, qui indique la fin de l'opération. On lit sur la burette le nombre de centimètres cubes employés et on en retranche 0cc1, qui représente le volume nécessaire pour modifier la couleur du réactif. Si, par exemple, on suppose que pour obtenir la teinte rose, il a fallu verser avec la burette 4cc9 de liqueur titrée, on en déduira que 10cc de moût sont saturés par 4cc9 — 0,1 de liqueur titrée = 4,8. Ce qui signifie qu'un litre contient une acidité équivalente à celle de 4gr8 d'acide sulfurique. Si on voulait exprimer cette acidité en acide tartrique il n'y aurait qu'à multiplier le résultat par 1.53.

Si l'acidité totale du moût est équivalente à celle de 9 grammes *d'acide tartrique* par litre, pour avoir le résultat en *acide sulfurique*, il suffit de multiplier par 0.653, soit donc 5.87. Comme les différents auteurs expriment l'acidité des moûts et des vins, les uns par rapport à l'acide sulfurique, les autres à l'acide tartrique, nous résumons dans le petit tableau suivant la façon de convertir l'une des acidités en l'autre :

Acidité en acide sulfurique $\times$ 1.53 = Acidité en acide tartrique.

Acidité en acide tartrique $\times$ 0.653 = Acidité en acide sulfurique.

Une précaution très importante est de maintenir bien bouché le flacon contenant la liqueur alcaline ; de ne se servir que de liqueur *fraîchement* préparée.

Acidification du moût. — Pour augmenter l'acidité d'un moût, deux procédés sont employés : 1° le plâtrage, 2° le tartrissage.

1° *Plâtrage.* — Cette opération de moins en moins pratiquée, est d'un usage fort ancien dans le Midi, dont les vins sont souvent pauvres en acide, elle avive la couleur, active l'éclaircissement du vin et favorise la fermentation; elle consiste à jeter du plâtre pulvérisé pur sur les raisins, au moment de la mise en cuve. La teneur en acide tartrique du moût se trouve de ce fait augmentée, par suite des réactions qui se passent entre ce produit et les sels du vin, mais en même temps la teneur en bisulfate de potasse.

Or, une circulaire du Ministre de la justice, (27 juillet 1880), limite à 2 grammes la dose tolérée de ce sel, qui existe déjà dans le vin naturel dans la proportion de 0 gr. 5 par litre environ.

On voit donc qu'il n'est possible d'ajouter au moût, que la proportion de plâtre juste suffisante pour déterminer une augmentation maximum de 1 gr. 5 en sulfate de potasse. Cette proportion est d'environ 1 kilo à 1 kilo 500 de plâtre par 1.000 kilos de vendange. Or, de cette minime addition de plâtre ne peut résulter, par litre de vin, qu'une augmentation extrêmement faible d'acidité, équivalant au plus à 0.4 ou 0.5 exprimée en acide tartrique.

On voit donc que le plâtrage, si l'on veut rester dans les limites légales, est d'une pratique insuffisante pour le but poursuivi, qui est de relever souvent d'une façon très notable l'acidité du moût.

Comme, d'autre part, les vins plâtrés sont devenus suspects au consommateur, on conçoit que la pratique du plâtrage soit de plus en plus abandonnée, puisqu'elle est insuffisante et qu'elle déprécie le vin.

La reconnaissance du plâtre dans le vin est extrêmement simple. On verse quelques gouttes d'une solution de *chlorure de baryum* ou *d'azotate de baryte* dans le vin suspect. Si celui-ci a été plâtré, il se forme un précipité blanc plus ou moins abondant de *sulfate de baryte*, qui ne se redissout pas, si on ajoute au liquide quelques gouttes d'acide chlorhydrique ou nitrique. Si, au contraire, le vin ne contient pas de plâtre, il ne se trouble pas ou le léger précipité formé disparaît, dès qu'on ajoute un de ces acides.

2° *Tartrissage.* — Le tartrissage consiste dans l'addition d'acide tartrique au moût ou au vin. C'est, comme le plâtrage, une opération qui n'est guère usitée que dans le midi de la France. Les moûts des vins de l'Est, du Centre pèchent plus souvent par excès d'acidité que par défaut. Cependant, ce procédé peut trouver dans ces pays une application, pendant les années exceptionnellement chaudes, où le raisin a dépassé la pleine maturité au moment de la vendange.

Cette addition d'un produit, qui est lui-même extrait du vin, aide activement à sa coloration et à son dépouillement, lui donne de l'arome, de la fraîcheur.

Cette addition peut, d'après M. Bouffard, se faire en deux temps. Une première partie, soit par exemple 50 à 100 grammes par hectolitre, sera ajoutée à la cuve, surtout quand les raisins proviennent de vignes malades, mildiousées ou chlorosées. On estime, en général, que l'acidité moyenne des moûts, au moins dans le Midi, ne doit pas être inférieure à 8 ou 10 grammes d'acide tartrique par litre. La seconde partie sera ajoutée au vin une fois soutiré. Cette dernière proportion sera fixée après essai. On prendra par exemple, suivant le conseil de M. Bouffard, six échantillons d'un litre du vin à traiter. Au premier litre on ajoutera 0 gramme 5, au deuxième, 1 gramme, au troisième, 1 gramme 5 et ainsi de suite jusqu'à 3 grammes d'acide tartrique. On agite et on laisse le tout reposer en cave pendant huit jours. Au bout de ce temps, on verse dans six soucoupes blanches un peu du vin des six échantillons. On expose à l'air durant quelques heures et on observe que certains échantillons se troublent et que leur couleur passe au bleu violacé. C'est que la dose d'acide est pour ceux-là insuffisante. La dose nécessaire et suffisante est celle du premier échantillon qui a gardé sa couleur. Il est bien rare qu'il faille dépasser 3 grammes. Pour d'autres auteurs, au contraire, il serait préférable d'ajouter à la vendange, dès la mise en cuve, la totalité de l'acide que l'on compte employer. Pour fixer cette quantité d'acide, on détermine d'abord la richesse en acide du moût, soit par exemple 8 grammes (d'acide tartrique). Supposons, d'autre part, que l'acidité des moûts dans les bonnes années soit de 10 grammes : il faudra donc ajouter 2 grammes par litre pour donner au moût l'acidité optimum. Après fermentation et cuvage, cette acidité diminue sensiblement, et cette perte est d'environ 25 °/₀, en sorte qu'un moût ayant une acidité de 10 gr. comptée en acide tartrique, donnera un vin n'ayant plus que 7 gr. 5 d'acidité tartrique ou 4 gr. 89 d'acidité sulfurique.

On a proposé de remplacer l'acide tartrique, dont les sels sont peu solubles dans les liquides alcooliques, par l'*acide citrique*, dont les sels sont au contraires solubles et qui, par conséquent, ne donnent lieu à aucun précipité salin. De plus, la solubilité apparente du bitartrate de potasse étant, par suite de cette addition, augmentée légèrement, il y a de ce fait un nouveau gain d'acidité.

Si on prenait cet acide au lieu du précédent, il ne faudrait en employer que 1 gramme 10 pour 1.52 d'acide tartrique. L'économie n'est qu'apparente, car si pour augmenter de 1 gramme l'acidité totale du moût, il faut 1 gr. 5 d'acide tartrique, ce qui fait par hecto une dépense de 0 fr. 45, il faut du moins en déduire la valeur de la crème de tartre produite et que l'on peut recueillir dans les marcs, ce qui abaisse la dépense à 0 fr. 30. Pour obtenir cette même acidité avec l'acide citrique, il faudrait dépenser 0 fr. 60. De plus, l'acide citrique et les citrates n'existent pas normalement dans le vin, ou, du moins, leur présence est douteuse.

Tannissage. — Dans beaucoup de pays, le raisin ne peut fournir au vin une quantité suffisante de tannin pour en assurer la conservation. Il est alors prudent, surtout dans les années froides et pluvieuses, d'ajouter à la cuve une certaine quantité de tannin, qui favorisera l'éclaircissement du vin et l'empêchera de se casser. On peut ajouter ainsi de 5 à 10 grammes par hectolitre de vin à obtenir. On dissout ce tannin dans un peu d'alcool bon goût et on verse dans la cuve. On commencera par la dose minimum, 5 grammes, et l'expérience apprendra par la suite celle qui convient le mieux. D'une façon générale on peut dire qu'elle doit être plus élevée dans les années pluvieuses et froides que dans les années chaudes et sèches.

Phosphatage. — On a également proposé de remplacer une partie de l'acide tartrique nécessaire à la vinification par du *phosphate bicalcique*. Les résultats obtenus dans une série d'expériences exécutées par M. J. Fary, sont des plus favorables à cette pratique. Il s'agissait de la vinification du Jacquez, où l'acide tartrique est absolument indispensable. Dans une cuve qui aurait demandé au moins 4 gr. d'acide tartrique par litre, on n'en mit que 2 gr. et on ajouta 4 gr. de phosphate bicalcique. Après cuvaison normale, le vin était très bon à tous points de vue et marquait 9 gr. à l'acidimètre. Ce sel ne doit toutefois remplacer que la moitié seulement de l'acide tartrique qu'il eût fallu sans lui et on l'emploie à dose double :

Exemple : Au lieu d'employer 4 kilos d'acide tartrique coûtant 12 fr.,

on prendra 2 kilos d'acide tartrique....   6 fr.   »

4 kilos de phosphate bicalcique........   1   60

                             7 fr. 60

ceci pour une cuve de 10 hectos ; donc le *bénéfice par hecto* est de $\frac{12-7.60}{10} = 0$ fr. 44.

CHAPITRE IX

Pieds de cuve et levures sélectionnées.

Nous avons montré, au début de ce livre. que la fermentation alcoolique du moût de raisin était due à un organisme végétal de petite taille, de forme elliptique, mesurant environ 6 1000e de millimètre suivant son plus grand diamètre. On a donné à ce ferment le nom de *Levure elliptique* ou *Saccharomyces ellipsoidus.*

Or cette levure est, comme tous les êtres vivants, susceptible de variations. Il est *a priori* évident et l'expérience a démontré que toutes les levures elliptiques ne sont pas identiques, que celles qui se développent. par exemple, dans les jus très sucrés des raisins du Midi, ne sont pas les mêmes que celles des moûts plus acides des vins de l'Est ou du Centre: que, par conséquent, telle d'entre elles trouve les conditions les plus favorables à sa vie dans un moût plus sucré, moins acide, telle autre dans des conditions inverses, ou à une température plus basse ou plus élevée, etc.

De ce fait. il semble donc que la levure la plus avantageuse, celle qui est la plus favorable à la fermentation pour un lieu et un cépage donnés est précisément celle que la nature fait développer sur ce cépage, car elle est plus spécialement adaptée à ce milieu.

Mais, d'autre part, la nature n'a pas prodigué les levures sur les raisins, grains ou rafles. Elles y sont même beaucoup moins communes qu'on ne le croit généralement, et en tous cas accompagnées d'autres levures nuisibles, celles du vinaigre, par exemple, et de bactéries pathogènes, c'est-à-dire susceptibles de causer les maladies des vins.

Tous ces organismes sont apportés dans le moût par la grappe. Il faut leur ajouter encore ceux dus à une propreté insuffisante des vases vinaires, du cellier, etc. Ils trouvent dans ce moût des conditions de développement inégalement favorables ou même défavorables. Le moût milieu sucré et *acide* est éminemment favorable au développement des levures elliptiques, fort peu à celui des bactéries en raison même de son acidité. Il y a donc toutes chances pour que la fermentation marche régulièrement, que les levures elliptiques se multiplient rapidement et bientôt pullulent, tandis que les bactéries et autres ferments, gênés dans leur développement par l'exubérance même de la levure et par l'acidité du milieu restent inactives.

Mais que la fermentation languisse, soit par insuffisance des levures, ce qui arrive lorsque des pluies persistantes ont lavé les raisins, soit par excès ou insuffisance de température, surabondance de sucre, etc., alors tous ces organismes élémentaires rivaux de la levure, entrent en jeu, et, si par surcroît la teneur en acide du moût est faible, ils prolifèrent rapidement, introduisant dans le vin des principes morbides qui en déterminent à bref délai la perte assurée.

Il y a donc *intérêt considérable à ce que la fermen-*

lation s'établisse dès l'arrivée du raisin dans la cuve, et que cette fermentation se fasse avec les levures les mieux adaptées au moût, parce qu'elles en utiliseront mieux les éléments constitutifs.

Pour hâter les débuts de cette fermentation, il faut donc pratiquer l'addition des levures. Pour cela, deux procédés peuvent être recommandés : celui par levain ou pied de cuve, celui par levures dites sélectionnées.

1° *Levain de levures naturelles ou pied de cuve.* — On récolte dans la vigne, deux à trois jours avant la vendange, cela dépendra de la température, une certaine quantité des plus beaux raisins, les mieux venus, les plus mûrs et surtout *parfaitement intacts,* sans grains moisis, souillés, grêlés ou avariés en quelque manière. On les presse et on en fait un moût. On chauffe au bain-marie ce moût pendant quelques instants pour le porter à une température de 25° environ, et on l'abandonne dans un lieu chaud à 18 ou 20°. Dans ces conditions, la levure elliptique se multiplie avec une activité considérable, prend l'avance sur toutes les autres levures, ferments ou bactéries, d'ailleurs peu abondants en raison même du choix que l'on a fait des raisins employés et bientôt pullule dans le milieu.

Ce moût en pleine activité constitue un véritable *levain,* qu'on déversera à doses fractionnées au fur et à mesure de la mise en cuve de la vendange. On pourra même en arroser le fouloir, les comportes ou paniers, les raisins mêmes. La fermentation partira immédiatement en étouffant pour ainsi dire le développement de tous les autres germes présents dans le moût. Il y aura, de ce fait, amélioration *certaine* du vin résultant, augmentation de la couleur et du degré, renforcement du bouquet caractéristique. L'expérience ne coûte rien, elle est facile à faire et les résultats obtenus compensent amplement le minime surcroit de besogne qu'elle entraine.

On l'appréciera surtout dans nos pays du Centre et de l'Est où le raisin n'arrive pas toujours à maturité parfaite, où la vendange se fait souvent tard et par les froids d'octobre et où la fermentation est lente à s'établir et languit trop longtemps. Quelle que soit la valeur de ce procédé, il nous parait cependant inférieur au suivant.

2° *Levures sélectionnées.* — Si j'emploie ce mot de levures sélectionnées en l'opposant à celui de levures naturelles, c'est seulement pour indiquer que leur culture est le résultat d'artifices de laboratoires, car bien entendu elles n'ont rien d'artificiel, du moins dans leur origine, sinon dans leurs conditions de développement. A vrai dire, leur culture en milieu spécial, eau, sucre, phosphate d'ammoniaque, acide tartrique, pourrait bien, s'il était prolongé assez longtemps, établir des variations plus ou moins profondes dans les espèces, et il est permis d'espérer que des recherches conduites dans cette voie amèneront l'obtention de levures variées s'accommodant de conditions de température, acidité, teneur en sucre différentes.

Pour l'instant, on se contente de recueillir sur des raisins de choix appartenant à des cépages appréciés les levures qui s'y trouvent et de les faire multiplier en milieu de composition favorable. Celles préparées par M. Jacquemin, de Nancy, sont absolument recommandables. J'en ai moi-même fait plusieurs fois l'essai et ai obtenu les résultats ordinaires : fermentation plus rapide, plus complète, couleur notablement plus riche, vin plus brillant, plus vite dépouillé, légère augmentation du degré alcoolique.

D'une façon générale, on peut admettre que l'emploi de ces levures, que nous ne saurions trop recommander dans les années pluvieuses et froides et surtout dans les moûts additionnés de sucre, enfin pour les vins dits de seconde cuvée :

1° Assure une fermentation régulière et très complète, débutant rapidement et marchant vite ;

2° Facilite le dépouillement du vin dont il augmente la couleur et l'éclat ;

3° Assure au vin des qualités de conservation très développées ;

4° Améliore le bouquet, qui rappelle assez vaguement d'ailleurs, celui du cépage d'où la levure est originaire.

On a d'ailleurs bien exagéré cette dernière propriété. On est allé jusqu'à écrire, et il s'est trouvé des gens assez naïfs pour le croire, que de modestes gamays de Bourgogne par exemple, additionnés de levures de Chambertin, donneraient du Chambertin.

Un peu de raisonnement, à défaut de l'expérience, aurait dû cependant montrer que l'introduction de la levure dans un moût ne peut faire varier les proportions de sucre, glucosides, acides variés, tannin, etc., qu'il possède naturellement. Certes, il est vraisemblable que les excreta de la levure, c'est-à-dire les produits résultant de leur activité, ont une influence sur le parfum, la saveur, sur cet ensemble d'impressions à la fois tactiles, olfactives et gustatives que nous appelons bouquet d'un vin. Mais bien d'autres causes interviennent pour le modifier. Le temps tout d'abord. car le bouquet d'un *vin nouveau* n'est pas chose facile à apprécier, et puis le mode de conservation, le nombre des soutirages, la façon dont ils sont conduits, la teneur en acides, éthers, tannins. etc. D'ailleurs on s'entend assez peu sur ce mot *bouquet*. C'est là un ensemble de sensations d'ordres très divers bien difficile à préciser. Enfin n'est-il pas évident qu'il doit exister entre le bouquet d'un vin et ses autres qualités un rapport étroit. et que, pour reprendre notre exemple, ce serait un pauvre vin que celui qui, plat et commun. n'aurait pour tout mérite qu'un vague bouquet de Chambertin.

Le rôle des levures est assez beau pour qu'on n'en exige pas plus qu'elles ne peuvent donner.

Voici le mode d'emploi tel que l'indique, dans la petite brochure qu'il a publiée sur cette question, M. Jacquemin. de Nancy, qui s'est spécialement consacré à la préparation de ces levures.

Mode d'emploi. — Les levures sont expédiées. suivant quantité, en bidons ou en bonbonnes. En attendant leur emploi, les récipients, *avec leur fermeture intacte*. devront être conservés debout à la cave.

On devra, au moment de l'emploi. agiter la bonbonne, afin de mettre en suspension le ferment qui s'est déposé en partie au fond du liquide nourricier et quand celle-ci sera vide. on la rincera avec un peu de moût, afin de ne pas perdre la levure adhérente aux parois.

La levure pure doit être employée immédiatement après le foulage, afin que les ferments naturels du raisin n'aient pas le temps de commencer leur action.

Dans les régions où, comme dans le Beaujolais, on a souvent l'habitude d'entasser les raisins et de laisser même la fermentation naturelle commencer pendant quelques jours avant de fouler, il faut, bien entendu, déverser la levure ou le levain *sur les raisins eux-mêmes*, à mesure qu'ils arrivent de la vigne, afin que ce soit la levure sélectionnée qui agisse seule sur les grains qui s'écrasent pendant l'entassement.

Dans les régions tempérées de la France, *on pourra déverser la levure active dans la vendange, sans aucune manipulation spéciale*, en ayant seulement soin de la répartir aussi bien que possible, par couches, à mesure que l'on jette les raisins foulés dans la cuve, *cependant la confection d'un levain*, comme il est dit plus loin, *est préférable et évite toute cause d'échec*.

Un kilo de levure pure active suffit pour 8 à 10 hectolitres de vendange. Ce premier mode d'emploi a donné de bons résultats ; mais si l'on veut obtenir le maximum d'effet dont la levure est capable, il faut opérer de la manière suivante qui, aux vendanges de 1891, 1892, 1893, 1894, 1895, 1896, 1897 et 1898, a donné une satisfaction complète.

Ce second mode d'emploi *doit être mis surtout en usage dans le midi de la France*, et dans toutes les régions où la vendange se fait à une température de plus de 20°.

Par les années froides, *pour obtenir une fermentation très rapide, il est bon aussi d'opérer par levain*.

Par les temps froids, on a soin de chauffer légè-
ment le jus de raisin destiné à faire le levain jusqu'à
une température de 25 à 30° centigrades, sans dépasser jamais cette dernière température. On conserve
le levain dans une chambre chaude, à une température de 15 à 18°, et il est bon à employer 48 heures après sa préparation.

Un levain ainsi préparé fera facilement fermenter les vendanges froides.

Grâce au levain, *un kilo de levure pure peut suffire à améliorer 15 à 25 hectolitres de vendange.*

Préparation du levain. — On prépare un levain
deux à trois jours environ avant la vendange.

On emploie, par chaque kilo de levure, le moût
de 20 à 25 kilos de raisin fraichement exprimé.

Si l'on a à sa disposition une *bonne* eau de source
ou une eau *pure* provenant d'un puits éloigné de
toute cause de contamination, fumiers ou autres,
il est utile de s'en servir pour débarrasser les raisins, destinés au levain, de toutes les impuretés et
ferments sauvages qu'ils portent à leur surface.
Mais si l'eau, sans être mauvaise est même simplement douteuse, il ne faut pas l'employer, car elle
introduirait de mauvais microbes dans le levain.
En pareil cas, il faut choisir soigneusement les
raisins, écarter tous ceux qui auraient été salis par
la terre, enlever les grains avariés : on met en
usage ces raisins sans les laver, en opérant comme
je vais l'indiquer.

Ecraser rapidement ces raisins et en séparer
immédiatement la grappe et les pellicules, à l'aide
d'un crible à mailles étroites, — un crible à orge,
soigneusement nettoyé, par exemple — mélanger

aussitôt à ce moût, dans un fût bien propre et n'ayant *aucune odeur*, la quantité de levure nécessaire et laisser fermenter librement jusqu'au moment de l'emploi.

On devra donc employer pour vinifier :

10 hectol. de vendange,	1 kilo de levure :	20 à 25 kil	de raisin.
20	2 —	40 à 50	
25	2 1 2 —	50 à 60	—
30	3 —	60 à 75	
100	10	200 à 250	—

Ce levain fermente activement sous l'influence de la levure, et au bout de 50 à 60 heures, après le commencement de sa préparation, on s'en sert pour mettre en fermentation la vendange, en la répartissant pendant le foulage du raisin (1).

Levain sans jus de raisin. — A défaut de jus de raisin, on peut préparer un moût à levain de la manière suivante :

Dans un hectolitre d'eau de source pure, on fait dissoudre *dix kilos sucre blanc en pain, cent grammes de phosphate d'ammoniaque et cent grammes acide tartrique.*

On peut acheter le phosphate d'ammoniaque chez tous les pharmaciens : ce sel favorise les fermentations et son emploi est licite et inoffensif et certains savants recommandent même d'en mettre dans le vin à la dose de 10 grammes par hectolitre, pour aider à l'évolution de la levure.

(1) Il serait encore beaucoup plus sûr de pasteuriser, en le portant à la température de 60 à 65 degrés, le moût de raisin qui doit servir de levain. On le verse alors dans une comporte et quand la température est tombée à 30°, on y verse la levure. On porte le tout dans un endroit chaud : en 24 heures, il est prêt à servir. *(Note de l'auteur).*

Quand l'eau n'est pas *pure*, il faut faire bouillir ce sirop pendant cinq minutes et le laisser refroidir avant d'y mettre la levure.

Pour faire le levain, on prendra 10 litres de ce sirop légèrement chauffé à 25° par kilo de levure sélectionnée à y déverser.

Ce levain, bon à employer au bout de trois jours sera mis en usage comme le levain fait avec jus de raisins.

Emploi du levain. — On commence par *agiter fortement le fût à levain préparé deux ou trois jours d'avance*, pour bien mélanger le dépôt, qui contient beaucoup de levures, avec tout le jus qui forme le levain.

On met un peu de levain sur les comportes, fûts, pétrins, fouloirs, etc., servant au transport ou au foulage de la vendange ; un tiers environ est consacré à ces soins.

Les deux autres tiers sont utilisés comme suit :

Un sixième environ est mis au fond de la cuve ou du foudre, avant de commencer à y verser le raisin foulé ; le reste est réparti successivement par couches, à mesure de l'emplissage. La dernière partie est versée tout au-dessus de la vendange.

La fermentation se produit ainsi régulièrement.

Pour bien répartir le levain, un excellent moyen consiste à employer des pulvérisateurs neufs ou soigneusement et minutieusement nettoyés au préalable. On amènera à la vigne un fût à levain, rendu plus copieux par une addition de moût exprimé au moment même et préparé pour la journée. On en tirera de quoi charger un pulvérisateur ordinaire (Vermorel, Besnard ou autre). Il suffira d'en confier le maniement à un seul homme pour 50 coupeuses, dans les grandes propriétés. Celui-ci pulvérisera le levain sur les comportes et autres ustensiles servant au transport, à mesure qu'on y met le raisin. Toutes les grappes seront ainsi recouvertes d'une fine couche imperceptible de levure de bonne nature et l'on évitera de la sorte les inconvénients qui se produisaient par l'écrasement des raisins en cours de route ; car la fermentation, qui pourrait commencer, sera d'excellente nature grâce à notre précaution.

Ce système a été employé avec le plus grand succès en Algérie, et c'est certainement le moyen le plus efficace d'obtenir une fermentation régulière sous l'influence unique de la levure sélectionnée.

Pour obtenir de *très bons* résultats dans le Midi et toute région chaude, il est indispensable d'employer le levain avec tous les soins indiqués, car, *plus on prend de précautions pour éviter les fermentations sauvages, plus complète sera l'action des levures sélectionnées et plus grande sera l'amélioration du vin* ».

Addition de glucosides des feuilles de vigne. — Dans un intéressant travail, qui a fait l'objet d'une communication à l'Académie, M. Jacquemin, de Nancy, a montré que la levure sécrétait un principe spécial, une *diastase*, capable de transformer, en les décomposant, certains éléments nommés *glucosides*, contenus dans les feuilles de la vigne, en un produit aromatique particulier, caractéristique du cépage et en un sucre fermentescible.

La feuille étant le laboratoire, où se préparent les principes du fruit, il n'est pas surprenant que l'on y puisse retrouver, plus abondamment même que dans le fruit, certains des principes constitutifs de celui-ci.

L'auteur a donc préparé, à l'aide de feuilles appartenant à des cépages réputés, des extraits riches en glucosides; il introduisit dans un moût de vin, une dose modérée de ce liquide et obtint, surtout en présence de levures appartenant au même cépage que les feuilles d'où provenaient les glucosides, un bouquet et un parfum sensiblement plus développés qu'avec les procédés ordinaires.

Voici, du reste, une expérience exécutée dans la Gironde, par M. Fr. Malvezin, œnotechnicien à Caudéran.

Un moût de vin rouge est divisé en trois parties : l'une est mise à fermenter suivant les ordinaires procédés de vinification, les deux autres sont pasteurisées, puis ensemencées de levures de Saint-Émilion, à l'une d'elles on ajoute enfin 1 kilo d'extrait de feuilles de vigne de Saint-Émilion, que l'on a préalablement mélangé au levain de levure pure, préparé deux jours d'avance.

Les trois vins, après décuvage, furent soignés de la même manière. Soumis à un dégustateur, ils furent trouvés bien différents de qualité et, par suite, de valeur.

En première ligne venait celui qui avait reçu le levain de levure pure additionné d'extrait de feuilles. Il était sans aucun goût de terroir, fin et de bouquet très marqué. En deuxième ligne venait le vin simplement levuré, qui a gardé en grande partie son goût de terroir et dont le bouquet, uniquement dû à la levure, est moins développé, quoique appréciable. Enfin le vin témoin, plus commun et de bouquet presque nul, a été classé comme bien inférieur aux autres.

D'autres expériences, faites sur des vins variés, ont montré que l'addition de ces extraits, même à dose minime, améliorait sensiblement les vins.

L'essai, bien facile et peu coûteux, mérite en tous cas d'être fait.

CHAPITRE X

Pressoirs et Pressurage.

Quand les soutirages sont terminés, le marc est porté au pressoir.

Un pressoir se compose d'une *plate-forme* ou

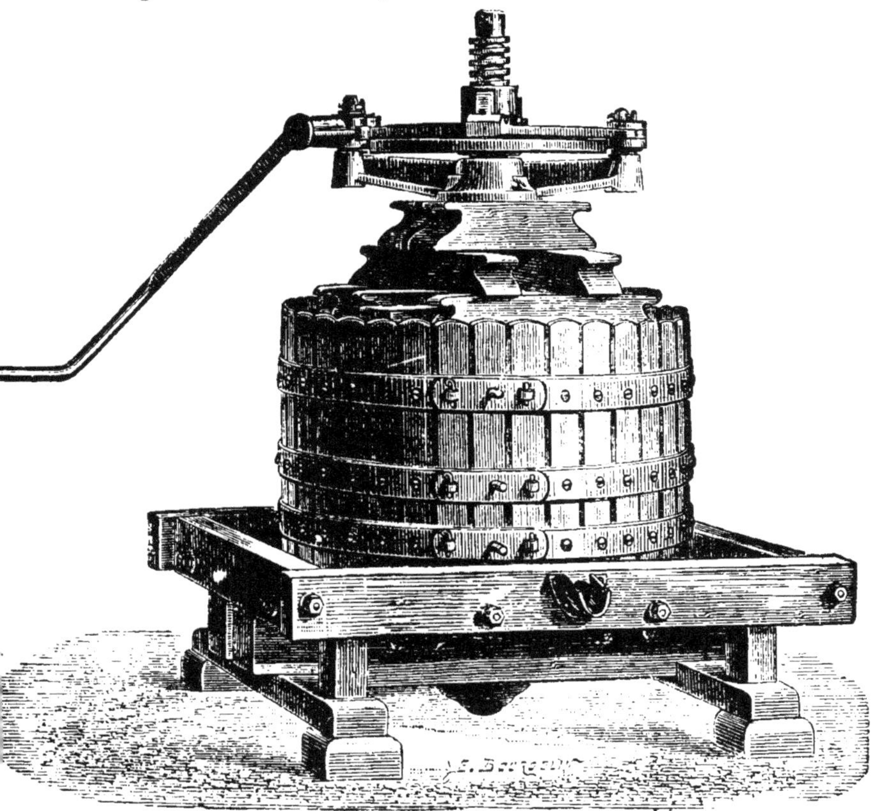

Fig. 12. — PRESSOIR VERMOREL.

maie circulaire ou carrée, sur laquelle on dépose
le marc. Elle est en bois, en ciment, en fonte ou
en tôle d'acier. Une ouverture munie d'un bec ou
dégorgeoir sert à l'écoulement du vin. Un fort *couvercle* ou *charge* fait de madriers en chêne repose
sur les marcs. Une vis en fonte, aux filets renforcés,
très solide est fixée dans la maie et traverse le couvercle. Le long de cette vis descend un *écrou*.

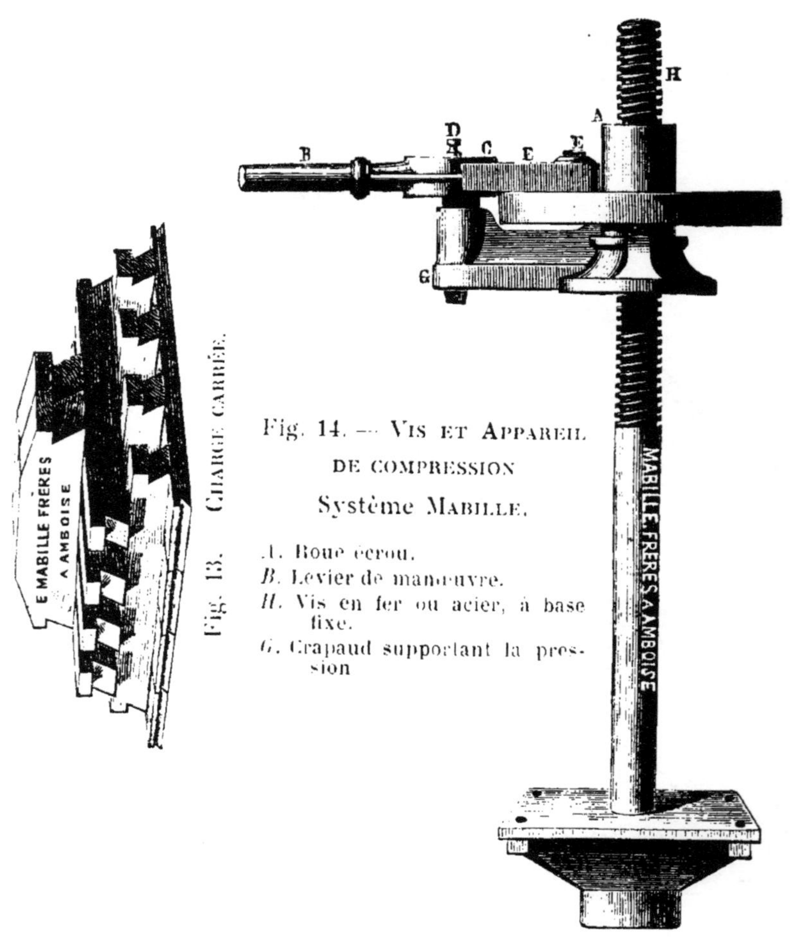

Fig. 13. — Charge carrée.

Fig. 14. — Vis et Appareil
de compression
Système Mabille.

A. Roue écrou.
B. Levier de manœuvre.
H. Vis en fer ou acier, à base
fixe.
G. Crapaud supportant la pression

Celui-ci, en descendant, exerce sur la charge, par l'intermédiaire d'une pièce appelée *crapaud*, une pression relativement considérable. Des dispositions mécaniques plus ou moins ingénieuses, en général un système à rochets agissant sur une roue, transforment le mouvement alternatif de va-

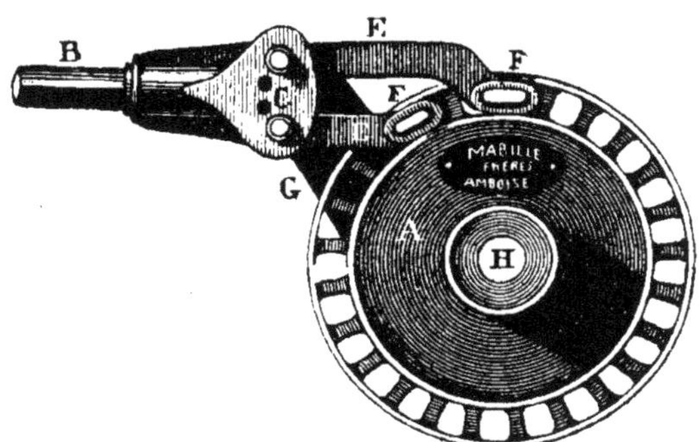

Fig. 15. — ROUE-ÉCROU MABILLE.

Fig. 16. — ROUE-ÉCROU VERMOREL.

et-vient d'un long levier en un mouvement circulaire continu qui fait descendre l'écrou le long de la vis. Une *claie* circulaire entoure le marc et le contient latéralement.

Fig. 17. — Claie circulaire à 3 cercles.

La pression exercée sous le crapaud se calcule en multipliant l'effort développé par l'homme, par le rapport du chemin parcouru par les mains de l'ouvrier à celui parcouru par l'écrou dans le sens vertical.

Si on accepte comme effort maximum moyen d'un homme le chiffre de 60 kilos, il suffira, pour calculer la pression, de connaitre le rapport signalé plus haut, rapport variable avec les différents types de pressoirs, mais se maintenant aux environs de 5,000. La pression totale serait donc de 5,000 $\times$ 60 = 300,000 kilos. Cette pression se répartit sur toute la surface de la vendange. Si donc, le pressoir a un diamètre de 1ᵐ50, par exemple, sa surface sera de 1 ᵐ75 ou 17,500 centimètres carrés, et la pression par centimètre carré de $\frac{300.000}{17.500}$ = 17 kilos.

Les modèles de pressoir sont innombrables, nous citerons seulement les pressoirs Gaillot de Beaune, Mabille d'Amboise et Vermorel de Villefranche. Tous ces constructeurs offrent de nombreux modèles fixes ou roulants, à maies carrées ou rondes, de fonte, d'acier ou de bois, à charge

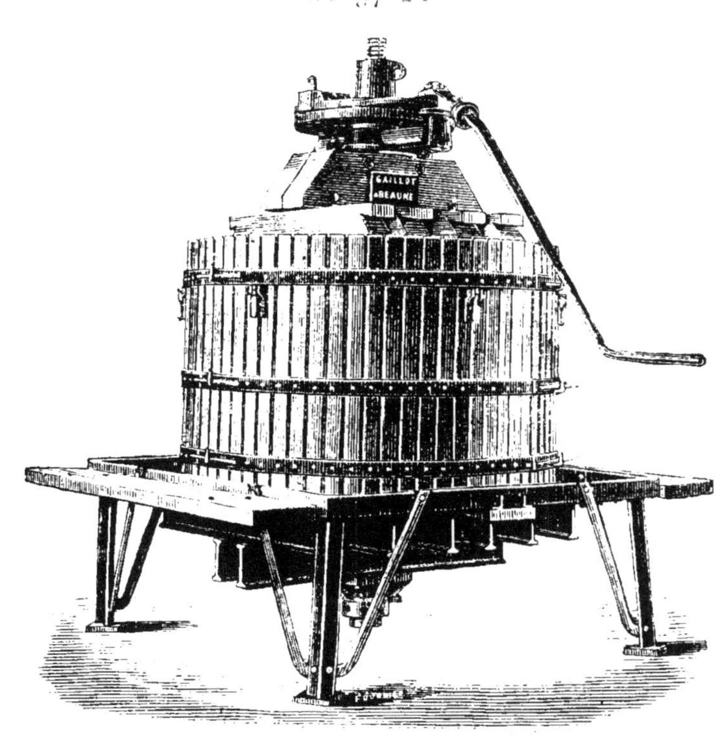

Fig. 18. — PRESSOIR GAILLOT en fer.

ronde ou carrée et de toutes dimensions, entre lesquels le viticulteur n'a que l'embarras du choix.

Ces pressoirs sont discontinus, c'est-à-dire qu'on
doit exécuter plusieurs pressées ou serres, entre
chacune desquelles on desserre la vis, on enlève les
claies et la charge et, au moyen de pelles tran-
chantes, on coupe tout autour 20 à 25 centimètres
de la masse de marc qu'on recoupe et rejette sur
le gâteau : après quoi on remet tout en place et
on recommence la pressée.

Des pressoirs continus. — On s'occupe beaucoup
depuis quelque temps de la question des pressoirs

continus. Ils ont sur les anciens l'avantage de la commodité. Plus de perte de temps et de main-d'œuvre comme avec les pressoirs discontinus, où il faut desserrer et recouper la masse. Ici, avec les pressoirs continus, un seul homme suffit si l'appareil est mu par manège, deux s'il est mu à bras. Le travail se fait continuellement, au fur et à mesure de l'arrivée de la vendange à la cuverie.

Un autre avantage réside dans l'augmentation du rendement. Elle est due à ce que la pression s'exerce sur une petite quantité de matière contenue dans une sorte de tamis d'où le liquide peut facilement s'écouler.

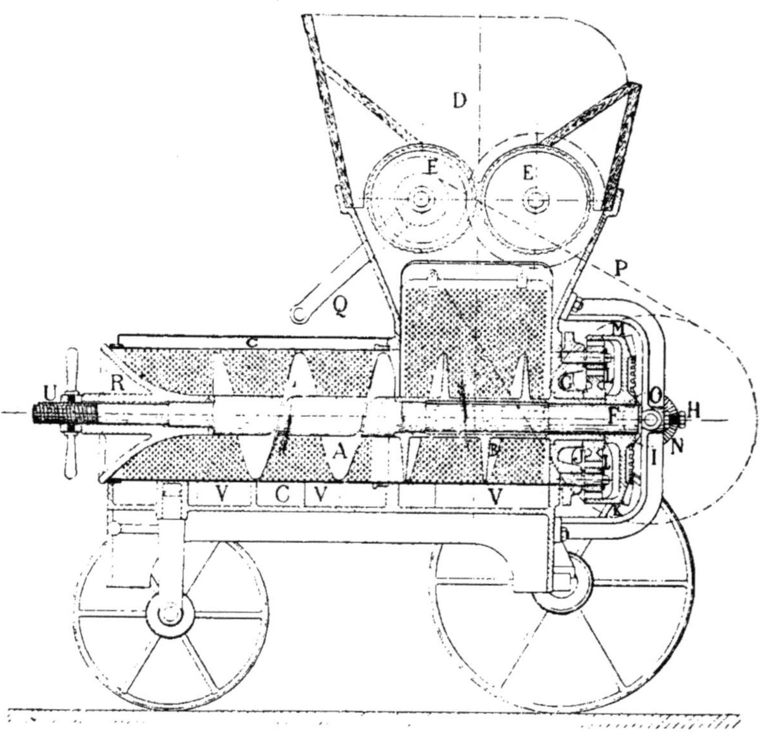

Fig. 19. — PRESSOIR CONTINU SATRE, à vis Compound.

Avec les anciens pressoirs la pressée, très forte à la partie supérieure de la vendange, est loin de se transmettre intégralement sur toutes les parties de la masse.

Un modèle intéressant est le modèle Satre figuré ci-contre.

Comme tous les pressoirs analogues, il repose sur l'emploi de la vis d'Archimède.

Le raisin, broyé entre deux cylindres fouleurs, tombe dans une case cylindrique, où la masse est saisie par les ailettes de la vis et comprimée.

Le liquide s'écoule dans les compartiments *V. V.* La vis est en deux parties qui tournent en sens contraire ; mais comme les pas sont eux-mêmes de sens contraire, les deux parties de la vis refoulent la masse dans la même direction. Ce dispositif a le grand avantage d'empêcher par l'action seule de la vis la rotation de la matière, ce qui simplifie l'appareil et diminue les chances de rupture.

Un bouchon *R*, réglable au moyen d'un écrou *H*, règle la sortie de la masse comprimée et asséchée.

Malheureusement, il ne semble pas qu'à cette heure les pressoirs continus aient acquis toutes les qualités de solidité nécessaires. Des ruptures se produisent assez fréquemment, qui, par conséquent peuvent arrêter le travail et entraîner de graves conséquences.

Vin de goutte et vin de presse. — On donne au vin, ainsi extrait des marcs, le nom de vin de presse, pour le distinguer de celui directement issu de la cuve et dit *vin de goutte.*

Même dans le vin de presse il faut distinguer : 1° *le vin de première serre,* qui s'écoule du pressoir dans une première opération et sous une pression assez faible. Il est plus riche en alcool, en matières colorantes, en principes acides que le vin de goutte; 2° *celui de deuxième serre*, obtenu dans une seconde opération et avec une pression plus forte. Il contient moins d'alcool, moins de couleur, plus d'acide que le précédent; 3° *celui de troisième serre*, contient une très forte proportion de principes astringents et amers.

Quant à l'emploi de ces différents vins, il dépend de la nature du cépage, de la valeur du vin, de l'usage qu'on en veut faire. Il y a là plutôt une question d'économie domestique que de vinification. Incontestablement, l'addition des vins des dernières serres ne peut pas ajouter à la qualité du vin de goutte, bien au contraire. Mais souvent les questions de quantité priment celles de qualité.

Parfois, on fait un second vin avec les fonds de cuve et les vins de presse; mais bien souvent on réunit au vin de goutte ceux de première et deuxième presses, en les répartissant également dans les fûts, et on n'effectue pas la troisième presse, surtout lorsqu'on veut avoir du vin de seconde cuvée ou distiller les marcs.

CHAPITRE XI

Piquettes et vins de marcs.

Le marc même pressuré renferme encore une certaine quantité des principes constitutifs du vin. On peut les utiliser et obtenir une deuxième boisson en ajoutant soit de l'eau pure : on a alors de la *piquette*; soit de l'eau et du sucre : on a alors, après fermentation, le *vin de marc*.

1° **Piquettes.** — 100 kilos de vendange fournissent 70 à 75 litres de vin, mère-goutte et presse, 10 à 15 kilos de marc pressé, qui contiennent encore 7 à 10 litres de vin. On peut les extraire ainsi que le reste des principes solubles du marc par différents moyens :

1° *Macération.* — On verse dans la cuve de l'eau chauffée à 35° ou 40°, soit environ 1 6 de la quantité de liquide à produire, quantité qui ne peut jamais dépasser la moitié de la tire.

On brasse énergiquement et on couvre la cuve. Douze heures plus tard, on ajoute un nouveau sixième et ainsi de suite de douze en douze heures. Au bout de sept à huit jours, on décuve. C'est un procédé extrêmement défectueux, à peine admissible dans les régions froides.

2° *Aspersion.* — On place le marc dans un foudre ou dans une cuve à faux fond perforé de trous et on l'asperge d'eau. L'aspersion se fait de dix en dix minutes à raison de 12 à 15 litres d'eau par foudre ordinaire. On retire par le fond du récipient le liquide qui a passé sur les marcs.

La première piquette est presque du vin. Mais rapidement le titre baisse et on cesse de tirer dès que le titre est inférieur à 2°. On mélange toutes ces piquettes, ce qui fournit un liquide pesant environ 5 degrés d'alcool. Les piquettes ne sont, après tout, qu'une véritable eau de lavage des marcs incomplètement épuisés par le pressurage. Aussi sont-elles toujours d'assez mauvaise conservation, il faut les consommer immédiatement et au besoin les recouper avec des vins riches en les éléments qui leur manquent, alcool, acide et tannin. On peut encore les distiller pour en obtenir de l'eau-de-vie.

3° *Lessivage*. — On doit à MM. Roos et Semichon un procédé nouveau de traitement des marcs pressés ou simplement égouttés sortant des cuves et permettant d'obtenir non plus, comme dans les cas précédents, de la piquette plus ou moins susceptible de conservation, mais un véritable vin, de même degré que le vin de presse, le même que lui en réalité, puisque c'est le liquide qui imprègne le marc après cuvage, ou celui qui a résisté à l'action des pressoirs les mieux construits. Voici d'ailleurs les résultats obtenus : 3,000 kilos de marc, traités sans pressoir et par le procédé que nous décrivons plus bas ont donné 19 hectolitres 1 2 de vin, *de même degré alcoolique que le vin de presse*, au lieu de 13 hectolitres de vin et 7 à 8 hectolitres de piquette médiocre, obtenus par les procédés ordinaires.

En combinant l'action du pressoir et l'épuisement des marcs par lessivage, ces 3,000 kilos de marc donnent par le pressoir 13 hectolitres de vin, et par l'épuisement des résidus 7 hectolitres 56 litres, en tout 20 hectolitres 56, *le tout constitué par du vin* et non par vin et piquette, soit donc une augmentation de rendement de 106 litres pour ces 3,000 kilos de marc. Voici maintenant la disposition de l'appareil à épuisement.

Un certain nombre de cuves, neuf, par exemple, soigneusement fermées à leur partie supérieure par des couvercles pleins, en bois ou en maçonnerie, pourvues d'un double fond percé de trous, sont placées à côté les unes des autres. La partie supérieure de la première communique par un conduit avec le fond de la seconde; le dessus de la seconde avec le fond de la troisième, etc.

On les remplit alors de marc. On fait arriver de l'eau par le tube allant au fond de la première cuve. Cette eau, en s'élevant, lessive de bas en haut les marcs, quand la première cuve est pleine, on laisse séjourner quelques heures. Une nouvelle arrivée d'eau déplace la première qui passe dans le fond de la seconde cuve et emplit bientôt celle-ci. Cette eau, déjà chargée d'alcool et des principes solubles du marc de la première, s'enrichit encore par son séjour sur ceux de la deuxième. Une troisième arrivée d'eau la fait passer de la seconde cuve dans la troisième, celle de la première passant à son tour dans la seconde, etc. Dès que le liquide s'écoule de la neuvième, on recueille le vin qui en sort et lorsqu'il s'est écoulé un volume de liquide égal à 65 0 0 du poids du marc contenu dans l'une d'elles, on arrête l'arrivée de l'eau. On a, durant ce temps, préparé une dixième cuve tenue en réserve que l'on a remplie de marc égoutté et non tassé pour éviter une résistance inutile à l'écoulement du liquide, et on la place à la suite de la neuvième. On enlève la première cuve, que l'on vide, et on rétablit la circulation de l'eau. Chaque cuve contient 820 kilos de marc égoutté, quand elle a fourni 545 litres de liquide, on peut la considérer comme épuisée. Donc après chaque passage de 545 litres d'eau, qui ont chassé 545 litres de vin, on enlève une cuve, celle de tête, et on lui en substitue une autre fraîchement chargée que l'on place en queue et d'où sort le vin, chassé par l'eau qui peu à peu se substitue à lui dans les cuves antérieures. Le débit de l'eau est le point délicat. Avec l'appareil que nous venons de décrire et qui a servi à M. Roos aux dernières vendanges, l'optimum correspondait à un débit de 180 litres à l'heure. Il a ainsi obtenu du vin à 8°8, le vin de presse des mêmes marcs ne pesant que 8°6.

2° **Vins de marcs.** — Ce procédé est incomparablement supérieur à la préparation des piquettes ordinaires.

Il permet d'obtenir un excellent produit, tout aussi hygiénique que le vin de tire, peu coûteux, et d'extraire des marcs la presque totalité des substances utiles qu'ils contiennent.

La fabrication de ces vins peut se faire de trois façons, assez peu différentes d'ailleurs :

1° *Après soutirage et pressurage.* — Le marc pressuré est *immédiatement* émietté et rejeté dans la cuve. On a, en effet, remarqué que lorsque l'immersion du marc dans l'eau succède de près au pressurage, le vin qui en résulte est plus coloré, plus bouqueté ; tandis que le contact de l'air insolubilise la matière colorante et détermine la rapide apparition des fleurs du vin ou l'acescence des marcs. On l'arrose d'une quantité d'eau tiède égale environ au volume du vin déjà extrait et contenant en dissolution autant de fois 1 kilo 800 grammes de sucre que l'on veut avoir de degrés d'alcool et que l'on ajoute d'hectolitres d'eau.

Exemple : Une cuve a fourni 20 hectolitres de vin, on verse sur les marcs 20 hectolitres d'eau et si on veut du vin à 8°, on ajoute :

1 kilo 800 × 20 × 8 = 288 kilos de sucre.

La dose d'alcool de 8° est celle qui parait le mieux convenir à ces vins forcément très légers, dont la saveur vineuse est peu prononcée, le pouvoir désaltérant moins développé que celui des vins ordinaires, ainsi que la propriété de supporter l'eau. Inutile, par conséquent, de chercher un degré alcoolique plus élevé, qui contrasterait par trop avec la pauvreté du liquide en les autres éléments caractéristiques du vin de grappe.

Cette addition de sucre peut, à la rigueur, se faire directement dans la cuve contenant l'eau tiède et les marcs, en brassant énergiquement le mélange. Il vaut beaucoup mieux faire d'abord dissoudre le sucre dans l'eau, puis ajouter ce sirop à de l'eau à 40 ou 50° et verser le tout sur les marcs, le mélange est beaucoup plus homogène.

Enfin, il est encore préférable de procéder à l'*inversion du sucre*. Nous avons dit précédemment que le sucre de canne ou de betterave, c'est-à-dire le *saccharose*, ne pouvait pas fermenter, s'il n'était tout d'abord transformé, par un produit issu de la levure, en glucose et lévulose identiques aux sucres contenus dans la grappe du raisin. Or, on comprend qu'une levure, déjà fatiguée par une première fermentation, soit impuissante à effectuer complètement ce double travail : inversion du sucre et fermentation ; qu'il reste par conséquent une certaine proportion de ce sucre intacte dans la cuve, ce qui donnera au vin une saveur douceâtre et compromettra gravement sa conservation, car il constitue un excellent milieu de développement pour toutes les bactéries, causes des maladies des vins.

D'autre part, l'expérience a montré que les vins de marcs, obtenus après inversion du sucre, étaient plus colorés, avaient plus de vinosité, plus de moelleux, qu'ils se rapprochaient davantage du vin ordinaire et surtout qu'ils ne présentaient jamais cette saveur douceâtre si commune chez les vins de marcs et indice d'un fermentation incomplète.

Pour faire cette *inversion du sucre* on fait bouillir, durant trois quarts d'heure environ, la dissolution, moitié eau, moitié sucre, avec de l'acide tartrique à la dose de 1 pour cent du sucre ajouté : soit par exemple 200 grammes d'acide pour 20 kilos de sucre. On ajoute ensuite de l'eau froide et on verse dans la cuve.

Bien que les marcs contiennent encore de l'*acide tartrique*, il sera bon d'en ajouter 100 à 150 grammes par hectolitre d'eau, de façon à donner au moût une acidité de 7 à 8 grammes par litre (acidité comptée en acide tartrique).

Enfin une légère addition de *tannin*, à raison de

2 à 3 grammes par hectolitre, convient aussi très bien. On fait dissoudre ce tannin dans un peu d'alcool bon goût.

2° Le second procédé diffère du premier *en ce qu'on ne pressure pas*, on *soutire* seulement et on remplace le vin de tire par une égale quantité d'eau sucrée, tiède, puis on opère exactement comme dans le cas précédent.

3° *On mélange eau sucrée et vendange.* — Ce procédé n'est recommandable évidemment que durant les très mauvaises années, où le raisin mal mûri est vert et acide. La quantité de sucre à ajouter dépend, ainsi que celle de l'acide tartrique, du degré saccharimétrique et de l'acidité du moût ainsi que de la quantité d'eau ajoutée.

Si on admet pour un moût normal une proportion de 20 pour cent de sucre et 7 à 8 pour 1000 d'acide, le calcul sera facile à faire une fois connue la composition du moût employé.

Dans tous les cas, on ne saurait trop recommander ici, plus que jamais, l'emploi des *levures dites sélectionnées*, qui assureront avec une fermentation rapide et complète, un plus parfait épuisement de la substance colorante du marc. Cet emploi s'impose, en particulier, lorsque en raison des quantités sur lesquelles on opère, l'inversion préalable du sucre employé est impraticable.

Voici un tableau dû à M. Girard et faisant connaître la différence de composition des vins de vendange et des vins de marcs par litre.

DESIGNATION	ALCOOL en volume	EXTRAIT dans le vide à froid	CRÈME de tartre	TANNIN et matières colorantes	INTENSITÉ de la coloration
Vin de Bordeaux (H¹-Méd.					
La Barde. Vin de vendange ..	124°	29.80	2.400	3.620	100
— Vin de mare	110	18.13	1.980	1.480	23.8
Cantenac. Vin de vendange ...	115	30.40	2.420	non dosé	100
— Vin de mare	101	17.80	2.045	0.900	17.2
Vin de Bourgogne (Yonne					
Epineuil. Vin de vendange...	106	24.10	2.680	2.730	100
— Vin de mare	104	17.40	1.770	0.413	17.5
Vin du Cher					
Montrichard. Vin de vendange	90	27.60	3.215	2.860	100
— Vin de mare ...	105	13.70	1.850	0.320	36.3
Vin de l'Hérault					
Capestang. Vin de vendange..	85	27.70	2.560	1.060	100
— Vin de mare......	110	14.31	1.600	0..90	55.5
Vin de l'Isère					
Tullins. Vin de vendange ...	95	25.30	2.415	2.660	100
— Vin de mare	91	15.70	1.850	1.200	51.5

Il s'agit de vins obtenus avec des marcs *pressés*.
On peut ainsi faire subir aux mêmes marcs deux opérations semblables : mais le vin résultant de la deuxième opération ne vaut évidemment pas le premier. Comme on peut le voir d'après le tableau précédent, les vins de marcs possèdent beaucoup moins d'acidité, de tannin, d'extrait sec et de couleur que le vin de vendange. Nous avons indiqué comment on pouvait remédier par l'addition d'acide tartrique et de tannin aux deux principaux de ces défauts : quant au manque de couleur, on peut y remédier soit par l'addition d'une certaine quantité d'un vin richement coloré, soit par l'emploi de l'*œnocyanine*, c'est-à-dire de la substance colorante extraite des pellicules des grains. L'em-

ploi de cette matière absolument inoffensive, lorsqu'elle est pure, sans addition de couleur d'aniline, est tout à fait recommandable, puisque après
tout c'est bien un produit de la grappe.

On pourra la remplacer, avec avantage et à moindres frais, par l'un des procédés suivants, imaginés
par le docteur Prunaire.

« On émiette et on tasse dans un tonneau défoncé
« du marc de raisin fraîchement cuvé. On replace
« le fond, quand le tonneau est à peu près plein et
« on baigne complètement ce marc *d'alcool de*
« *vin à 85°*. On ferme hermétiquement et on laisse
« macérer pendant un mois au moins. Au bout de
« ce temps, le liquide qu'on soutire est très riche
« en couleur et en tannin et pourra servir à re-
« monter les vins faibles, les piquettes ou vins de
« deuxième cuvée. »

Un autre procédé consiste à faire bouillir durant
deux heures une certaine quantité de marc, bai-
gnant dans du vin. On obtient un liquide extrêmement riche en couleur et très tannifère, qui, bien
bouché et additionné d'alcool, se conserve très
bien. Ce dernier procédé est moins recommandable, car la couleur ainsi obtenue est trop instable.

Enfin, le même auteur propose ce dernier moyen
qui donne, paraît-il, d'excellents résultats : mettre
dans un fût du marc émietté, le baigner de vin
rouge et fermer le tout. On soutire quand on en a
besoin. Ce vin, extrêmement coloré, pourra servir
aux mêmes usages que les deux liquides précédents.

CHAPITRE XII

Les vases vinaires.

Les vases servant à loger le vin, sont en général des récipients de bois de chêne, appelés tonneaux ou fûts, tant que leur contenance ne dépasse pas 15 à 20 hectolitres; au-delà, on leur donne le nom de foudre.

Leur forme, leur contenance varient à l'infini, suivant les régions, ce qui n'est pas sans compliquer le commerce des vins, lorsque la vente se fait en prenant pour unité la capacité du vase en usage dans la région. Fort heureusement, on renonce de plus en plus à ces pratiques surannées, pour adopter comme unité l'hectolitre.

Voici, d'après Bedel, les contenances des principales mesures vinaires :

Barrique. — Mesure valant dans le Bordelais, 225 litres; dans l'Ardèche: 206 à 214, dans les Alpes (Hautes-), 80; dans les Bouches-du-Rhône, 214 à 220; dans la Chalosse, 304; dans la Charente, 205; dans la Charente-Inférieure, 205, 215 à 225; dans la Dordogne, 225 à 228; dans la Drôme, 210; dans le Gard, 225 à 228; dans l'Hérault, 205 à 215; dans l'Isère, 210 à 230; dans le Lot, Lot-et-Garonne, 225 à 228; dans les Landes, 304; dans les Pyrénées (Basses-), 270; dans les Pyrénées (Hautes-), 80; dans les Sèvres (Deux-), 289 à 295; dans le Tarn, 205 à 215; dans le Tarn-et-Garonne, 218, 224 ou 228; dans la Vienne, 252.

Pièce. — Mesure valant dans le Loiret, la Seine-et-Oise, la Bourgogne et les Pyrénées-Orientales, 228 litres (en Bourgogne, la pièce est aussi appelée : tonneau, muid ou poinçon); dans l'Aisne, 182 à 205; dans la Haute-Marne, 182 à 228; dans l'Indre-et-Loire, 243 à 258; dans Saône-et-Loire, 212 ; dans la Haute-Saône, 180 à 200; dans l'Ain, 182 à 248; et dans la Nièvre, 180 à 230.

Feuillette. — Mesure valant dans l'Yonne, 136 litres; dans la Seine-et-Oise, 133 litres ; dans la Côte-d'Or et la Saône-et-Loire, 112 à 114 litres.

Queue. — Mesure de capacité se composant, en Bourgogne, de deux pièces valant ensemble 456 litres. La demi-queue contient par conséquent 228 litres et s'appelle tonneau, poinçon ou pièce; la pièce vaut deux feuillettes, la feuillette deux quartauts et le quartaut 57 litres. La pinte de Dijon vaut 1 litre 616.

Muid. — Mesure usitée surtout dans l'Hérault et les départements voisins, valant autrefois 685 litres 50. On donnait le nom de demi-muids aux fûts de 340 à 360, aujourd'hui les demi-muids de cette région ont une contenance plus grande.

La contenance du muid varie beaucoup selon les contrées. Il vaut en Bourgogne, 950 litres; à Montpellier, 510; dans le Roussillon, 472; en Languedoc, 460; dans le Doubs et le Jura, 300 à 318; à Cahors, 297; à Orléans, 289; dans le Rhône, 288; dans l'Aisne et la Seine-et-Oise, 250 à 266; dans l'Yonne, 272; dans la Haute-Marne, 230 à 241.

On emploie assez souvent, pour loger les vins de qualité inférieure, des cuves en maçonnerie, ou garnies de verre, des cuves en briques concaves, comme celles des cheminées d'usines ou encore en ciment. Rien ne vaut d'ailleurs le tonneau de bois, qui, grâce à sa porosité, laisse filtrer l'air jusqu'au liquide et qui, mauvais conducteur de la chaleur, protège efficacement le vin contre les variations de la température.

On emploie aussi pour les vins ordinaires des fûts cylindriques en tôle de fer. Si ces fûts ne peuvent en rien aider à l'amélioration des liquides que l'on y loge, ils ont du moins l'avantage de supprimer le coulage, les pertes de cercle, les mauvais goûts. Leur durée est presque illimitée, enfin ils se prêtent tout particulièrement aux transports à grandes distances.

Pour jauger les fûts, on emploie une règle en fer longue de 1 à 2 mètres divisée sur l'une de ses

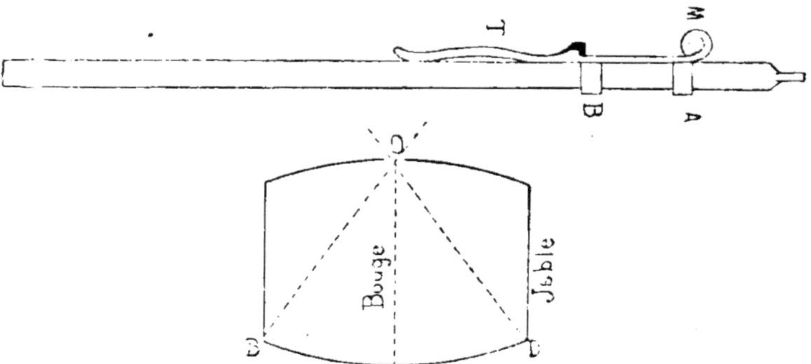

Fig. 20. — RÈGLE EN FER POUR JAUGER LES FÛTS.

faces en centimètres et graduée sur la face opposée de 10 litres en 10 litres. Un index à coulisse *A B* muni d'une boucle *M* et d'un ressort peut glisser tout le long de la jauge. Pour opérer, on introduit la règle par la bonde du tonneau on la dirige obliquement, jusqu'à ce qu'elle touche, par son extrémité, le bord inférieur du jable et on fait glisser,

— 113 —

en agissant sur la boucle *M*, l'index, jusqu'à ce que son arête affleure au bord interne du tonneau, au milieu du trou de bonde, immédiatement au-dessous du bois. Il n'y a plus qu'à lire en face de l'index la contenance du tonneau; on opère de la même manière pour l'autre côté, c'est-à-dire suivant *O D*, on prend la moyenne des deux chiffres obtenus pour avoir le volume réel du tonneau. On peut, à l'aide du tableau suivant, connaitre la capacité d'un tonneau, en mesurant simplement les longueurs diagonales *O B* et *O D*, ce qui peut se faire à l'aide d'une tringle ou d'une baguette quelconque bien dressée et divisée en centimètres :

Tableau donnant les capacités des tonneaux, connaissant les longueurs diagonales de jauge.

LONGUEUR diagonale	CONTENANCE	LONGUEUR diagonale	CONTENANCE	LONGUEUR diagonale	CONTENANCE	LONGUEUR diagonale	CONTENANCE	LONGUEUR diagonale	CONTENANCE
	litres		litres		litres		litres		litres
0m25	10	0m43	48	0m61	135	0m79	295	0m97	545
0 26	11	0 44	51	0 62	143	0 80	306	0 98	563
0 27	12	0 45	55	0 63	149	0 81	318	0 99	580
0 28	13	0 46	59	0 64	156	0 82	330	1 00	598
0 29	14	0 47	63	0 65	164	0 83	342	1 01	615
0 30	16	0 48	66	0 66	172	0 84	354	1 02	634
0 31	18	0 49	70	0 67	180	0 85	367	1 03	652
0 32	20	0 50	75	0 68	188	0 86	380	1 04	672
0 33	22	0 51	79	0 69	197	0 87	394	1 05	690
0 34	24	0 52	84	0 70	205	0 88	408	1 06	710
0 35	26	0 53	89	0 71	214	0 89	422	1 07	732
0 36	28	0 54	95	0 72	223	0 90	436	1 08	754
0 37	30	0 55	100	0 73	232	0 91	450	1 09	775
0 38	32	0 56	106	0 74	242	0 92	465	1 10	796
0 39	35	0 57	111	0 75	252	0 93	480	1 11	817
0 40	39	0 58	117	0 76	262	0 94	496	1 12	840
0 41	42	0 59	123	0 77	273	0 95	512	1 13	863
0 42	45	0 60	129	0 78	284	0 96	528	1 14	885
								1 15	910

Exemple : Les longueurs *O B*, *O D* ont été trouvées respectivement égales à 55 centimètres et 59 centimètres; on fait la somme 55 + 59 = 114, dont la moitié = 57; on cherche dans le tableau la contenance correspondant à cette longueur diagonale de 57 centimètres et l'on trouve qu'elle est de 111 litres.

1° *Tonneaux neufs.* — Les fûts neufs sont rarement étanches; en outre le bois de chêne qui sert à leur construction, renferme des principes variés : tannins, mucilage, matières colorantes et odorantes, quercine, etc., dont le contact prolongé avec le vin peut avoir un effet nuisible. Si l'on dispose d'un générateur de vapeur, il faudra les étuver. Pour cela on fait arriver par la bonde un jet de vapeur. Celle-ci dissout les principes du bois et gonfle les douelles. On met la futaille bonde dessous et on laisse égoutter.

S'il s'agissait de loger des vins nouveaux, les fûts neufs en chêne n'auraient pas besoin de ce traitement, car le tannin qu'ils renferment améliore les vins qui, d'ailleurs, se débarrassent facilement, par la fermentation qui se continue à leur intérieur, par les soutirages et les collages auxquels on les soumet, du goût désagréable que pourrait leur communiquer le bois neuf.

Si, au contraire, il s'agissait de loger des vins vieux, le traitement que nous venons d'indiquer serait indispensable; de même aussi avec des vins blancs.

A défaut de vapeur, on étuvera à l'eau bouillante. On verse par la bonde 5 à 10 litres d'eau bouillante, on ferme et on rince. On fait écouler l'eau et on recommence jusqu'à ce que celle-ci s'écoule incolore. Il sera bon, surtout s'il s'agit de vins de qualité, d'y faire séjourner quelques heures de 1 à 3 litres de bonne eau-de-vie.

S'il s'agissait de vins *très délicats*, on verserait dans chaque barrique une dizaine de litres d'une lessive bouillante faite avec des cristaux de soude ou 1 kilo de chaux vive. Après lavage, on rince à l'eau bouillante et on enlève les traces de matière alcaline, à l'aide de 5 à 6 litres d'eau froide acidulée de 1/10, c'est-à-dire de 5 à 600 grammes d'acide sulfurique. On termine par des lavages à l'eau bouillante et enfin à l'eau froide.

2° *Tonneaux vieux.* — Les soins à donner aux tonneaux sont d'une importance considérable, la conservation, la tenue et l'amélioration des vins dépendant autant de l'état de la futaille que des soins apportés à la vinification.

Aussitôt soutiré, un fût doit être débarrassé de sa lie et du dépôt qu'il contient. S'il s'agit d'un foudre, il est brossé et lavé à grande eau, puis séché et méché. La proportion de mèche employée, s'il s'agit de celle vendue dans le commerce, doit être de 2 à 3 centimètres par hectolitre. On suspend cette mèche à un fil de fer et on introduit le tout par la bonde. Quand la combustion est terminée, on retire avec soin la toile de la mèche, de façon à ce que celle-ci ne se détache pas du fil de fer. On bouche hermétiquement et le gaz résultant de la combustion du soufre (acide sulfureux) protège le tonneau contre toutes les causes possibles d'altération.

Dans la pratique du méchage, il faut avoir bien soin d'éviter que le morceau de toile qui porte le soufre ne se détache et tombe au fond du fût : il

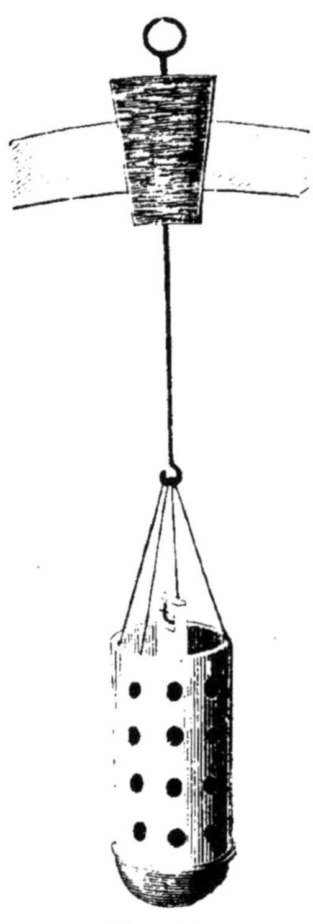
Fig. 21.
Brule-Mèche

faudrait laver alors celui-ci avec le plus grand soin, car les cendres de cette mèche contiennent des produits sulfurés qui peuvent donner au vin un goût de soufre désagréable. Il est plus sûr d'employer un brûle-mèche, comme celui figuré ci-contre, par exemple. Quant à la mèche elle-même, c'est une bande de cotonnade, de toile ou même de papier de 3 centimètres de large sur 20 à 25 de long, que l'on a trempée à plusieurs reprises dans du soufre fondu. Plus la couche de soufre est épaisse, meilleure est la mèche.

Avec les tonneaux on opère de même, seulement le brossage à mains d'homme est remplacé par le roulage et le tangage à la chaîne.

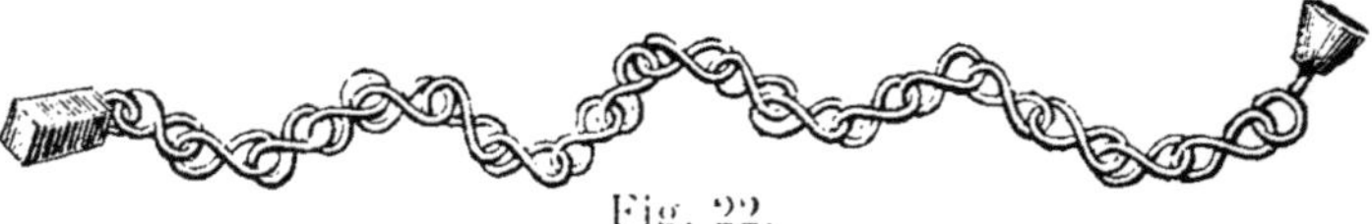
Fig. 22.
Chaine à nettoyer les futs, avec bonde et tourillon.

On peut remplacer le méchage par un lavage au bisulfite de soude, à raison de 1 litre de bisulfite pour une pièce. On roule le fût de façon à faire pénétrer la substance dans toutes les parois. On ajoute ensuite 500 grammes d'acide sulfurique additionné de 2 litres 1 2 d'eau et on roule vivement le fût. On le débouche quelques instants, puis on le lave à grande eau à plusieurs reprises, en vidant à la fois eau et acide. Le bois du fût et l'atmosphère intérieure restent absolument saturés de gaz sulfureux, beaucoup mieux que par le méchage. Les futailles vidées depuis peu et ainsi traitées sont dites *fraîches-vides*. Elles sont de beaucoup préférables à celles qui n'ont pas reçu de vin depuis longtemps et qu'on nomme *vidanges*.

Mal soignés, les fûts contractent fréquemment de mauvais goûts. Il est indispensable de s'assurer avant le remplissage que la futaille est bien *franche*. L'odorat suffit en général, mais non toujours, à reconnaître si un tonneau est atteint ou non d'un mauvais goût. Pour s'en assurer, on y introduit 2 litres de vin ordinaire légèrement chauffé, vers 50 degrés par exemple; on ferme la bonde et on agite. Quelques heures après, la dégustation du vin avertit infailliblement de l'existence d'un mauvais goût dans le fût. Cet essai mérite d'être fait lorsqu'il s'agit d'un vin de prix.

Les mauvais goûts dont peuvent être atteints les fûts sont assez variés.

1° **Goût de moisi.** — C'est le goût que contractent les fûts laissés débouchés dans un lieu humide. Il est dû à un champignon, une moisissure.

Goût peu accentué. — On lave énergiquement le fût avec un mélange de 1 partie d'acide sulfurique pour 10 d'eau, à raison de 5 litres de ce mélange par hectolitre de capacité. On roule, on égoutte et on lave à grande eau.

Goût très prononcé. — On rince le tonneau avec 5 litres d'eau bouillante par hectolitre, dans laquelle on a dissous 100 grammes de bisulfite de chaux ou de bisulfite de soude. On rince avec de l'eau additionnée de 5 °/₀₀ de sel de cuisine et on termine par un fort rinçage à grande eau. Si la moisissure a pénétré trop profondément, le mal est sans remède.

2° **Goût de lie ou goût de fût.** — C'est le goût que contractent les tonneaux laissés vides et mal bouchés au contact de l'air et de la chaleur, il est difficile à chasser. On essaiera les deux moyens suivants :

1° Le lavage au bisulfite de soude, comme il a été indiqué précédemment, que l'on fait suivre d'un lavage à l'acide sulfurique à 2 °/₀₀, puis de rinçages répétés;

2° On délaye dans l'eau chaude 1 ou **2** kilogrammes de tan, on laisse séjourner ce mélange pendant quatre jours au moins dans le tonneau, après l'avoir roulé en tous sens. On rince ensuite à grande eau, on lave à l'eau additionnée de soude (à 1 °/₀₀), et on rince à l'eau pure.

3° **Goût d'aigre.** — C'est le goût résultant de la fermentation acétique du vin ou de la lie laissée dans le fût.

On emploie, par hectolitre, 1 kilo de chaux délayé dans 10 litres d'eau, on agite fortement et on lave à grande eau pour enlever les dernières traces de chaux.

CHAPITRE XIII

Ouillage et soutirages

1° **Ouillage ou remplissage.** — Le vin tiré de la cuve, additionné ou non d'une partie ou de la totalité du vin de presse, est versé dans des fûts ou foudres.

Là, il subit des modifications importantes :

1° Il achève sa fermentation ; 2° les acides du vin réagissant sur l'alcool produisent des éthers, qui donnent au vin son bouquet caractéristique ; 3° l'oxygène de l'air oxyde l'alcool, précipite en partie la matière colorante, diminue l'acidité, bref *vieillit le vin.*

En outre, celui-ci diminue de volume par filtration dans le bois et par retrait du liquide à la suite de son refroidissement résultant de l'arrêt de la fermentation.

Cette diminution, surtout sensible dans les petits fûts, atteint 3 à 3,5 °/₀ durant la première année. Elle se continue, moins sensible cependant, durant les années suivantes.

Cette diminution de volume peut devenir rapidement dangereuse pour le vin. Au début, la fermentation continuant, du gaz carbonique est dégagé, recouvre le vin et l'isole de l'air, le danger d'acétification n'est pas grand. Plus tard, l'acide carbonique cesse de se dégager, l'air rentre dans le tonneau et là, en contact avec une large surface de liquide, il en peut déterminer rapidement l'acétification. Il faut donc éviter ce contact, ou du moins le réduire à la moindre surface possible.

On y arrive à l'aide de l'*ouillage* ou *remplissage* du fût. On pratique ce remplissage, aussi souvent que possible, à l'aide d'un vin identique à celui du tonneau. Pour ne pas troubler les dépôts, on verse ce vin, soit à l'aide d'un *bidon-ouilleur*, soit simplement par un entonnoir plongeant dans le liquide, et dont l'extrémité inférieure est recourbée. On prend un entonnoir de verre et on recourbe à la flamme d'un bec de gaz ou d'une lampe de soudeur le tube de l'entonnoir. On peut encore prendre un entonnoir de fer-blanc, on bouche l'extrémité avec un bouchon, et on perce des trous sur les côtés du tube. De cette façon, la surface du vin n'est pas remuée par l'arrivée du liquide, et les parties surnageantes, fleurs, etc., arrivent au trou de bonde sans se diviser, ni plonger dans le liquide, et s'écoulent à l'extérieur. Avant de rebonder le fût, on frappe sur les flancs pour détacher les bulles d'air qui peuvent y adhérer. On voit alors presque toujours le niveau du liquide baisser dans le trou de bonde, ce qui prouve qu'il s'est échappé une certaine quantité d'air. On remplit de nouveau et on bonde légèrement.

On pourrait encore, à défaut de vin convenable pour l'ouillage, introduire dans le fût des cailloux *en silex* bien lavés, ou d'une roche siliceuse quelconque, granite, etc. Bien entendu, une pierre calcaire ne pourrait pas faire l'affaire, car elle neutraliserait les acides du vin.

Au début, il faut ouiller tous les deux jours : plus tard, et durant la première année, au moins tous les huit jours. A partir de la deuxième année, tous les mois ou tous les quinze jours au plus.

On bondera légèrement, en évitant l'emploi fort peu recommandable et si répandu de la feuille de vigne, qui ne sert qu'à faciliter l'éclosion de vers, insectes, champignons, etc. On emploiera de préférence des bondes en verre, porcelaine ou terre cuite, qui permettent de boucher plus ou moins complètement l'orifice de la barrique et dont le nettoyage se fait facilement.

On méchera de temps en temps le fût où se trouve la réserve servant à l'ouillage.

2° **Soutirages.** — Les soutirages ont pour but d'isoler le vin des dépôts qui se forment dans les fûts, et dont le contact ne peut que lui être préjudiciable.

Ces dépôts ou lies sont formés de levures et de ferments de toute espèce, de bitartrate de potasse, qui se précipite au fur et à mesure que l'alcoolisation du liquide se complète, de tannin, de matières colorantes oxydées et rendues insolubles, enfin de matières en suspension dans le liquide et précipitées mécaniquement.

Premier soutirage. Il est bien difficile de préciser des époques pour le premier soutirage des vins. En principe, il doit se faire dès que le vin s'est éclairci. Dans le Midi, où le plâtrage active l'éclaircissement, on expédie souvent, dès novembre, du vin parfaitement limpide. Dans le Centre et dans l'Est on exécute, en général, le premier soutirage vers la fin de novembre ou la première quinzaine de décembre, au moment des premiers froids.

Deuxième soutirage. Un second soutirage se fait en février ou mars, avant la pousse de la vigne, pour isoler les vins du contact des ferments qui ont échappé au premier traitement.

Troisième soutirage. Il se pratique au moment de la floraison de la vigne, en juin.

Quatrième soutirage. Celui-ci a lieu en septembre ou octobre.

S'il s'agit de vins très délicats, on les logera après soutirage dans les mêmes fûts soigneusement lavés.

Durant les années suivantes, un ou deux soutirages suffisent. On les pratique généralement au moment des deux équinoxes. Il arrive même un moment où il n'est plus utile de les pratiquer. Le vin est *fait*, ne peut que perdre à rester en fûts.

Ces soutirages sont des opérations délicates, du nombre et de la bonne exécution desquelles dépendent, en grande partie, la conservation et la qualité des vins.

D'une façon générale, les vins légers réclament moins de soutirages que les vins très corsés et colorés.

Ils doivent se faire, autant que possible, *par temps frais,* l'activité des ferments étant moindre si la température est relativement basse : *par vent du nord ou de l'est,* ces vents contenant moins d'*ozone* que ceux du midi ou de l'ouest, l'air a sur le vin une action oxydante moins énergique : avec *une pression barométrique élevée,* les lies ont alors moins de tendance à remonter dans la masse.

Le contact du vin avec l'air doit être aussi peu

prolongé que possible : une aération trop énergique et trop répétée entraine une précipitation trop abondante de la substance colorante, en même temps qu'une oxydation trop complète des substances albuminoïdes du vin, ce qui en modifie profondément la composition.

On emploie souvent pour les soutirages des petites pompes aspirantes et foulantes, dites pompes à vin. Ces pompes, très maniables, générale-

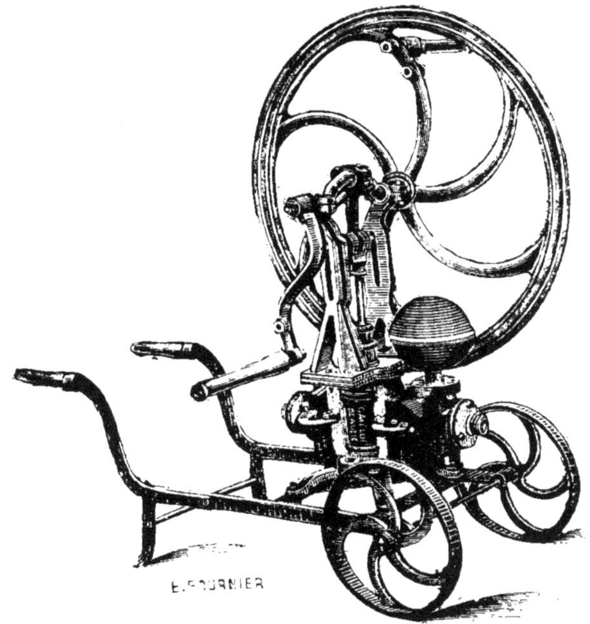

Fig. 23. — Pompe Gaillot a volant pour soutirer les vins.

ment montées sur roues, sont d'un usage très commode, à condition qu'elles soient *facilement démontables* ; en outre, elles diminuent le contact de l'air. Elles peuvent être en fonte, si elles ne servent que pour des vins rouges ; elles seront en cuivre, s'il s'agit de vins blancs fins, qui pourraient noircir au contact de la fonte. Ces pompes sont à balancier ou à volant. Leur seul inconvénient est qu'elles font souvent remonter les lies dans le vin, à moins qu'on ne laisse dans le fût à vider beaucoup de vin clair avec les lies.

Dans les petites exploitations on se sert simplement de baquets ou de brocs en bois bien propres

Fig. 24. — Broc a soutirer en bois.

ou mieux en cuivre étamé, dans lesquels on reçoit le vin, pour le transvaser ensuite dans des tonneaux *bien propres* et *bien abreuvés*.

Parfois on se sert d'une sorte de soufflet qui, comprimant l'air dans le tonneau, en fait sortir le vin par un tube en cuivre qui se rend du premier tonneau au fût à remplir.

CHAPITRE XIV

Traitement des vins.

1° **Collage.** — Les soutirages et le repos ne suffisent pas toujours à donner au vin toute la clarté
nécessaire. Les moindres parcelles de lie soulevées
par le courant, qui se forme dans le liquide, dès
l'ouverture du robinet, donnent alors au vin soutiré une apparence désagréable et modifient sa
saveur. Le meilleur moyen de clarification consiste
à *coller le vin*.

Les substances ordinairement employées sont :

L'albumine ou blanc d'œuf ;

Les gélatines et les colles ;

Le sang ;

Le lait.

1° Le *blanc d'œuf* est une excellente substance cla-
rifiante. On prend des blancs d'œuf, deux par hectolitre, on y ajoute 10 à 15 grammes de sel par œuf.
On bat en mousse et on verse dans le tonneau. On
brasse le vin. L'albumine, en se coagulant, forme
un vaste réseau, qui tombe lentement au fond du
tonneau, en entrainant toutes les particules en suspension dans le vin.

2° *Gélatine.* — C'est un excellent clarifiant pour
les vins rouges. Elle doit être aussi *peu colorée* que
possible. Eviter l'emploi des *gélatines brunes*, dites
colle forte, colle de Givet ou de Paris, fortement colo-

rées, préparées avec des matières animales, à demi décomposées. Elles sentent mauvais, introduisent dans le vin des substances qui, n'étant pas précipitées par le tannin, restent en suspension dans le liquide, ce qui nuit à sa conservation et à sa clarté.

Employer la *gélatine blanche*, absolument transparente et qui vaut en moyenne 4 fr. à 4 fr. 50 le kilo. Elle se trouve en longues feuilles minces. On la fait gonfler dans l'eau froide. On jette l'eau, et la gélatine ramollie, gonflée, est mise dans l'eau chaude à 40° environ, à raison de 1 kilo de gélatine sèche pour 10 litres d'eau. Un litre de cette solution suffit pour coller 8 hectolitres de vin, c'est-à-dire que pour une dépense de 4 fr. à 4 fr. 50 on collerait 80 hectolitres de vin, soit 0 fr. 20 environ par hectolitre. Avec les vins délicats, peu riches en tannin, le collage à la gélatine sera avantageusement précédé d'un tannisage plus ou moins fort.

3° *Colle de poisson ou ichtyocolle.* — La meilleure colle, la seule à employer pour les vins blancs. Elle n'est autre que la membrane interne de la vessie natatoire des esturgeons. La meilleure des trois sortes qui se trouvent dans le commerce est celle en feuille. Elle vaut jusqu'à 35 et 40 fr. le kilo. Il est vrai qu'il en faut fort peu.

La préparation de cette colle est assez minutieuse, car elle fond très difficilement. Voici la marche à suivre, les proportions étant calculées pour un hectolitre de colle. Il suffit, pour des quantités moindres, de faire varier proportionnellement les quantités des diverses substances.

On prend 500 gr. de colle de poisson, on lave à l'eau, on la déchire en fragments de la grosseur d'une pièce de cinq francs (*ne jamais les couper avec des ciseaux*). On met ces morceaux dans un petit barillet très propre avec 100 gr. d'acide tartrique et 5 litres d'eau fraîche. On laisse tremper 12 heures et on ajoute 5 litres d'eau, on refoule de temps en temps, trois ou quatre fois par jour, la masse dans le liquide à l'aide d'un bâton. On ajoute ensuite du vin au fur et à mesure que la colle gonfle, en remuant fortement le tout à chaque addition de liquide et on continue ainsi jusqu'à ce qu'on ait complété l'hectolitre. On passe sur un fin tamis ou à travers un linge. C'est incontestablement la meilleure préparation de colle liquide.

A raison de 5 grammes de colle sèche par pièce de vin, l'hectolitre de colle servira pour 100 pièces.

S'il s'agissait de coller 10 pièces, on prendrait 50 gr. de colle, 10 grammes d'acide tartrique, un demi-litre d'eau. Au bout de 12 heures on ajouterait un demi-litre d'eau, puis le lendemain 1 litre de vin et on continuerait ainsi jusqu'à avoir *exactement 10 litres* de liquide, après filtration à travers un linge ; cette colle se conserve de plusieurs jours à plusieurs semaines. Quelques traces d'acide sulfureux liquide en assurent la conservation durant fort longtemps. C'est incontestablement le meilleur de tous les clarifiants.

Nous ne citerons que pour mémoire et sans les recommander le *sang* et le *lait*. Outre que ces clarifiants ont le tort de décolorer considérablement le vin, ils peuvent provenir d'animaux malsains, tuberculeux par exemple et compromettre gravement la santé du consommateur. Il faut 1,500 gr. de lait et 200 gr. de sang par hectolitre de vin.

Pour bien mêler la colle au vin, on emploie surtout dans le Bordelais un petit instrument très simple et très pratique appelé *fouet*. C'est une tige

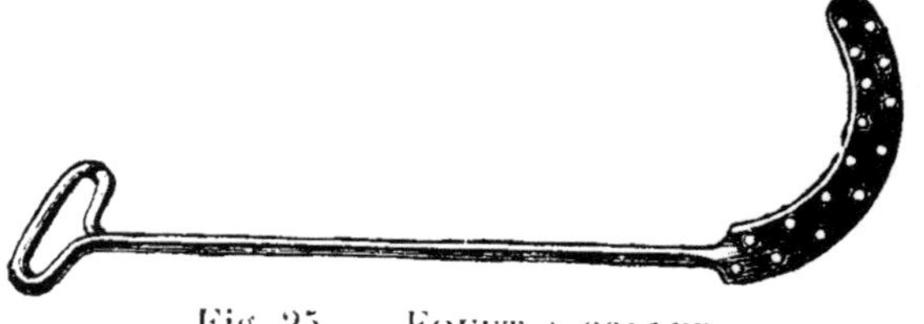

Fig. 25.   FOUET A COLLER.

de fer ou mieux de *bois* de 15 millimètres de diamètre, formant poignée à une extrémité et recourbée à angle droit à l'autre. Cette dernière partie est élargie : elle mesure 4 centimètres de large, sur 1 d'épaisseur et 25 à 30 centimètres de long. Cette sorte de lame est un peu recourbée suivant la forme des tonneaux et percée de trous d'un centimètre de diamètre. On introduit obliquement ce fouet par la bonde, on lui donne un rapide mouvement de va-et-vient de bas en haut et de haut en bas, en tournant continuellement la lame. En quelques minutes le mélange est parfait.

L'alcool, le tannin, les acides précipitent l'albumine en la rendant insoluble ; quant à la gélatine, c'est le tannin qui la précipite et la fait se déposer au fond du tonneau. Il se forme donc après le fouettage énergique qui a réparti dans la masse du liquide la colle employée, une infinité de petites particules solides qui tombent lentement, en un large réseau, qui entraine avec lui tous les corps non dissous.

S'il s'agit de coller des vins en foudre, on retire du foudre, à l'aide de la pompe, 10 à 20 hectolitres de vin, soit le cinquième de la contenance du foudre environ, on délaye dans ce vin la colle et, après

avoir rejeté dans ce foudre le vin extrait, on adapte
le tuyau d'aspiration de la pompe au robinet placé
au bas du foudre et le tuyau de refoulement à la
bonde. Ce mouvement de circulation du liquide
brasse le mélange et accélère considérablement la
clarification du vin.

Surcollage. — Si le collage des vins rouges réussit
presque toujours, c'est que la colle y trouve une
quantité suffisante des éléments nécessaires à sa
coagulation. Le tannin en particulier, par suite de
la macération de la grappe pendant le cuvage, s'y
trouve toujours en proportion assez élevée, de 1 à
2 grammes par litre. Les vins blancs, au contraire,
opérant leur fermentation en l'absence de la grappe,
ne possèdent en tannin que la proportion que le jus
a pu entraîner au pressurage, c'est-à-dire de 0 gr. 25
à 0 gr. 50 par litre en moyenne, trop peu par conséquent pour pouvoir précipiter toute la colle. Celle-
ci reste dans le vin et lui donne un aspect laiteux.
C'est ce qu'on appelle le *surcollage*. On peut s'en
assurer en versant dans le vin quelques gouttes
d'une solution alcoolique de tannin; si le vin se
trouble, c'est qu'il y a surcollage.

Le remède est bien simple : le mal étant dû à
une insuffisance de tannin, il suffit d'en ajouter
assez pour précipiter la colle, ce que quelques
tâtonnements indiqueront.

On peut même déduire de là un mode rigoureusement rationnel de collage. Puisque celui-ci
fait perdre au vin du tannin, chaque collage en
modifie donc la nature. C'est pourquoi les vins de-
viennent moins âpres, plus moelleux après chaque
collage et que leur couleur diminue d'intensité,

car la couleur est un tannin. Si donc on veut éviter cette diminution de la quantité de tannin, il suffit de déterminer au préalable et une fois pour toutes la quantité moyenne de tannin nécessaire à précipiter un poids donné de gélatine et d'ajouter au vin, avant le collage, la quantité nécessaire à la précipitation de la colle que l'on doit employer. Or il faut compter, en général, 10 grammes de gélatine ou d'albumine par hecto ; le poids de tannin nécessaire à la précipitation étant à peu près le même que celui de gélatine ou d'albumine employée, on ajoutera donc 10 grammes de tannin par hecto.

2° **Filtration**. — Le collage est, certes, le meilleur procédé de clarification des vins. Quant au filtrage, qui est plus rapide, il peut être dangereux pour un vin fin et délicat, en particulier pour les vins blancs. Il sera bien supporté seulement des vins rouges assez riches en alcool et en acide, bien corsés.

En tous cas, cette filtration doit se faire à l'abri de l'air et sans addition de noirs, même végétal, qui attaque toujours la couleur, arrête une partie des éthers et huiles essentielles du vin, si bien qu'au sortir du filtre, on ne recueille plus qu'un liquide rouge vif et bien clair, mais plat et sans saveur.

Nous avons représenté ci-contre un de ces appareils, le filtre rapide à manches Vermorel. Il se compose d'un récipient, tôle ou cuivre étamé, contenant des tubes en tissu métallique : à leur intérieur on loge des manches à travers le tissu desquelles filtre le vin. Il en existe d'ailleurs bien d'autres sortes. Les uns filtrent à travers des tissus de toile : ceux-ci ne peuvent donner une clarification bril-

lante, à moins de recommencer plusieurs fois. Les
interstices du tissu sont trop grands, il faut donner

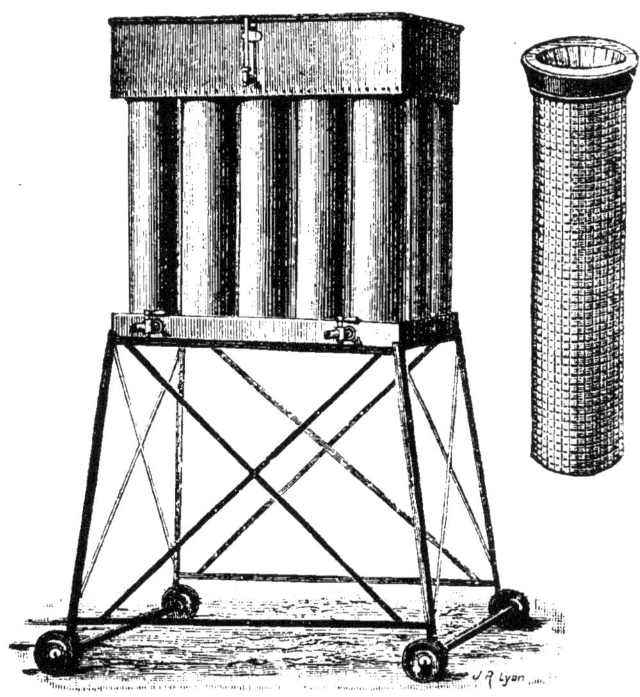

Fig. 26. — FILTRE RAPIDE A MANCHE.

le temps aux matières en suspension d'obturer ces
ouvertures. Souvent on prépare ces filtres par un
encollage spécial, ou par du charbon en poudre,
toutes opérations peu recommandables et susceptibles d'altérer le vin. La colle, gélatine ou albumine, peut laisser un goût de vin sur colle peu
agréable. Le charbon étant rarement pur peut
changer la composition du vin et l'altérer profondément. Enfin, les filtres donnent souvent au vin
un goût dit *de chausse*, qui provient de l'action des

ferments putrides ou autres, que des lavages insuffisants ont laissés s'accumuler. De plus, ils exigent une surveillance constante et une grande régularité dans l'arrivée du liquide, la moindre secousse, résultant d'une brusque arrivée de liquide, d'un arrêt d'écoulement, peut détacher la mince croûte de particules qui recouvrent la manche et font paroi filtrante et le liquide trouble, en contact avec le tissu, passe sans filtrer, ce qui oblige à tout recommencer.

D'autres filtrent à travers des masses de cellulose, ou même à travers des feuilles de papier à filtrer. On obtient alors une clarification beaucoup plus rapide et plus brillante, sans danger d'altération du vin, si du moins la cellulose ou le papier sont parfaitement purs, sans sels métalliques, surtout sans fer, qui existe souvent dans la pâte du papier à filtrer.

3° **Mutage.** — Le mutage consiste dans l'addition d'une substance antiseptique qui empêche le vin de fermenter. Le but de cette opération est, ou bien de protéger les vins contre les diverses maladies pouvant résulter du développement des organismes nuisibles en suspension dans le liquide, ou bien de conserver aux vins une certaine douceur, très recherchée par certains consommateurs. Cette opération se pratique, dans ce dernier cas surtout, sur les vins blancs; ou enfin de permettre de faire voyager des moûts achetés chez le producteur et dont la cuvaison s'achèvera chez l'acheteur.

Pour opérer le mutage, on brûle une mèche soufrée dans un tonneau vide. Puis on le remplit à moitié du vin à muter, on ferme et on roule. On brûle une seconde mèche et on remplit. Toute fermentation est suspendue pour quelques mois tout au moins. On enlève au vin son goût de soufre en le soutirant à l'air et en le faisant couler de haut.

Préparation des vins blancs bourrus. — Il se vend depuis quelques années des quantités importantes de ce vin blanc, non fermenté, doucereux, qui, laxatif et rafraichissant, est très apprécié.

On prépare ce liquide soit avec des raisins blancs, soit avec des raisins rouges à jus blanc. Si on opère avec ces derniers, on les presse légèrement, en s'arrêtant dès qu'on aperçoit trace de coloration.

Le jus est mis à débourber pendant 24 heures, après quoi, on procède au mutage.

1° *Mutage au soufre.* — On mèche fortement chaque tonneau à remplir. On verse 30 litres de liquide, on bonde et on agite. On introduit une nouvelle quantité de moût, on brûle de nouveau un peu de mèche, on bonde et on agite, etc. Pour chasser le gaz carbonique résultant de la fermentation et qui, en s'accumulant dans le tonneau, éteindrait la mèche, on souffle fortement à la surface du liquide après chaque opération. Il faut 30 grammes d'acide sulfureux par hectolitre, soit 15 grammes de soufre.

On peut opérer à l'aide d'une muteuse. — On prend un tonneau défoncé par le haut et placé debout. On installe à l'intérieur, plus haut que la bonde, deux plateaux de bois percés de petits trous circulaires et s'adaptant bien aux parois. Ils sont distants l'un de l'autre de 30 à 40 centimètres. A la bonde arrive un petit tuyau de verre ou de tôle qui aboutit à une sorte de cheminée en tôle, ayant la forme d'un entonnoir et au-dessous de laquelle on fait, dans un réchaud, brûler du soufre. Les vapeurs sulfureuses arrivant par la bonde, traversent les faux fonds percés de trous et s'échappent par l'ouverture supérieure du tonneau simplement fermée par une toile métallique. On fait passer le jus par la partie supérieure du tonneau, il traverse les faux fonds, s'imprègne d'acide sulfureux et arrive parfaitement muté au fond du tonneau d'où on le soutire.

2° *Mutage aux bisulfites alcalins.* — On prend 30 à 40 grammes de bisulfite de potasse par hectolitre. Il se fait, sous l'action de l'acide tartrique du moût, des tartrates et de l'acide sulfureux, qui suffit à suspendre, pendant plusieurs semaines, la fermentation.

Doses de gaz sulfureux à employer. — Que l'on ait recours à l'acide sulfureux lui-même ou à des sulfites ou bisulfites alcalins, les doses à employer que nous avons proposées ne sont que des moyennes. Car, évidemment, elles dépendent de l'effet à obtenir, simple retard dans le départ de la fermentation pour permettre un débourbage, un transport, ou simple ralentissement de l'activité de la levure pour éviter une élévation de température, ou enfin immobilisation complète du moût dont on veut faire un vin de liqueur.

Des expériences nombreuses ont montré combien était variable, suivant les races de levures, leur âge, la composition du milieu et la température, l'action du gaz sulfureux.

La seule chose qu'il soit possible de dire, c'est

que pour un retard de quelques heures, un débourbage, par exemple, 5 à 10 centigrammes de gaz sulfureux suffisent.

Voici, d'ailleurs, quelques chiffres obtenus par M. Roos, en opérant sur des moûts avec des doses croissantes de 1 centigramme à 15 centigrammes par litre.

Il a trouvé que les retards sont sensiblement proportionnels aux carrés des poids du gaz sulfureux. Avec 5 centigrammes, le retard varie de 18 à 24 heures, avec 7 centigrammes, de 48 à 60 heures, avec 15 centigrammes, le retard est de plus de 15 jours, et même si le flacon est fermé, la fermentation est suspendue à jamais.

Il est bon de rappeler que, par suite des doubles décompositions qui se passent dans le liquide, l'emploi du gaz sulfureux, sous quelque forme que ce soit, tend à augmenter la teneur en sulfate de potasse, au point que 1 gramme d'acide sulfureux fournit 1 gramme 531 d'acide sulfurique ou 2 grammes 405 de sulfate de potasse. Or, l'on sait qu'en France la limite légale est de 2 grammes, c'est-à-dire que, au-dessus de 2 grammes, on dit que le vin est surplâtré et plâtré dès qu'il contient plus de 1 gramme. L'acide sulfureux qui se trouve introduit dans un vin, par suite des méchages, du mutage au gaz sulfureux ou aux sulfites et bisulfites y existe sous trois formes : 1° à l'état d'acide sulfureux libre ou encore à l'état de bisulfite ou sulfite; 2° à l'état de combinaisons organiques avec les principes aldéhidiques ou acétoniques du vin ; 3° à l'état de sulfate de potasse. Or, dans le dosage du plâtre, surtout à chaud et si l'expérience se prolonge, une partie de ces produits sont oxydés, passent à l'état de sulfate qui augmente d'autant la teneur apparente du vin en plâtre, si bien que certains vins blancs qui n'en ont jamais vu un atome peuvent, à l'analyse, passer pour plâtrés ou même surplâtrés.

Voici maintenant un tableau qui indiquera les proportions des différents corps que l'on peut employer, pour obtenir par exemple *10 grammes* d'acide sulfureux :

1· Si on brûle du soufre...................... 5 grammes.
2· Avec de l'acide sulfureux en dissolution à 4°B. 0 lit. 20 cent.
3· Avec du sulfite de potasse anhydre......... 25 grammes.
4·   cristallisé........ 30 —
5· Avec du sulfite de soude anhydre.......... 20 —
6·   —   —   cristallisé .... 80 —
7· Avec du bisulfite de potasse pur cristallisé . 20 —

Entre ces produits, le plus recommandable serait peut-être le bisulfite de potasse pur cristallisé.

4· **Vinage.** — Le vinage consiste en l'addition d'une certaine quantité d'alcool au vin. Le vinage a pour but de relever le titre alcoolique du vin faible. On ne doit d'ailleurs jamais dépasser le titre normal d'un vin courant : 10° environ. Le vinage devrait être fait avec de l'alcool de vin, et autant que possible dans la cuve et non dans le tonneau. On augmente ainsi la coloration du vin et on diminue la proportion de tartre. Mais mieux vaut le sucrage que le vinage.

Autrefois et jusqu'à ce qu'une loi nouvelle ait abaissé à 12° le titre alcoolique des vins d'importation étrangère, des vins espagnols étaient, à l'aide d'alcool de grains et de betteraves d'origine allemande, portés au titre de 15°9, introduits en France, puis mouillés et ramenés au titre de 8 à 9°, ce qui permettait à des négociants peu honnêtes d'éviter des frais de transport, d'impôts, de droits de douane et d'octroi, en livrant à la consommation une boisson malsaine, dangereuse même en raison de la nature particulière des alcools employés pour le vinage.

5° **Coupage.** — Le coupage a pour but de composer chaque année des vins de bonne qualité moyenne et de la plus grande régularité de goût possible, en mélangeant des vins de nature différente qui, pris isolément, ne sauraient plaire au consommateur et qui, judicieusement choisis, se corrigent mutuellement. On peut ainsi, par ce moyen, corriger ou masquer les défauts de certains vins qui, sans cette opération, seraient à peu près imbuvables. C'est une opération absolument licite, car elle est déjà commencée chez le propriétaire-récoltant, qui mélange bien souvent les vins de ses diverses cuves pour en faire un tout homogène. Elle est, de plus, indispensable, si on veut satisfaire la généralité des acheteurs, qui réclament chaque année du vendeur un même type de vin, alors que, suivant les années, un même crû donne des vins si différents. Elle permet donc au marchand de maintenir pour ses vins une certaine composition moyenne, celle qui plaît à sa clientèle et aussi, par le mélange de vins à des prix différents, d'obtenir des prix assez sensiblement constants.

Pour étudier les proportions les plus convenables de ces mélanges, on emploie soit une éprouvette d'un litre graduée, soit un verre à pied jaugé. Les proportions, une fois déterminées, on mélange

Fig. 27.
VERRE A DÉGUSTATION
pour coupage.
Il est divisé en 3 parties égales
et chacune d'elles en fractions.

Fig. 28.
MESURE A PIED
divisée en parties égales
pour coupage.

les liquides dans un grand foudre et on laisse la fermentation lente qui s'y produit associer entre eux plus intimement les éléments souvent disparates du coupage. Après achèvement de cette fermentation, on soutire et on colle.

6° **Tartrissage.** — Quand le vin, après décuvage est plat, lent à s'éclaircir, que sa matière colorante est sans vivacité par suite d'une insuffisance d'acidité, il faut ajouter par hectolitre de 50 à 100 grammes d'acide tartrique ou 50 à 75 grammes d'acide citrique. C'est un des meilleurs traitements pour éviter la *tourne* ou la casse des vins.

On pourra préciser la proportion indispensable de l'un ou de l'autre de ces acides en prélevant six échantillons d'un litre du vin suspect : on ajoute à un litre 0gr5, à un autre 1gr, etc., jusqu'à 3 grammes. On agite et on laisse reposer pendant huit jours en cave. Au bout de ce temps, on verse dans six soucoupes blanches un peu du vin des six

échantillons. On abandonne durant quelques heures, au bout desquelles on s'aperçoit que certains
échantillons se troublent, que leur couleur passe
au bleu violacé. La dose d'acide qu'ils contiennent est insuffisante. La dose nécessaire est celle
du premier échantillon ayant gardé sa couleur.

7° **Tannisage.** — Il est utile d'ajouter du tannin
au vin, dans la presque totalité des cas où on a
recours au tartrissage. On l'emploie à la dose de
10 à 20 grammes par hectolitre. Il est d'ailleurs
prudent, avant d'opérer en grand, d'expérimenter
sur de petites quantités. Il intervient favorablement
dans les cas de maladie de la graisse, ou lorsque le
vin a tendance à se casser. On l'emploie dissous
dans un peu d'alcool bon goût.

8° **Chauffage ou Pasteurisation.** — Ce traitement,
imaginé par Pasteur, a pour but de détruire les
ferments organisés existant dans le vin et par suite,
d'empêcher son altération. On peut chauffer les
vins en bouteilles ou en fûts.

La température, à laquelle le liquide doit être
porté, varie entre 55 et 65 degrés, suivant la composition. Plus un vin est riche en acide et en alcool,
moins il faut de chaleur : 55 degrés suffisent donc
pour les vins alcooliques et riches en acide ;
pour ceux de constitution moyenne, on portera la
température à 60 degrés et pour les petits vins faibles en alcool et en acide, il sera prudent d'aller
jusqu'à 65 degrés. Mais il ne faut pas dépasser le
degré maximum à atteindre, ni laisser le vin plus
de quelques instants soumis à la chaleur. Après
quoi il doit être progressivement ramené à sa tem-

pérature initiale. Enfin, tout contact avec l'air doit être évité; aussi, dans certains appareils, la pasteurisation a lieu en présence de l'acide carbonique.

Vins en bouteilles. — Il suffit de plonger les bouteilles remplies, bouchées, le bouchon maintenu par une ficelle, dans un bain-marie chauffé lentement jusqu'à 60°. On maintient cette température durant une heure : un thermomètre, plongé dans une bouteille pleine d'eau placée près des bouteilles de vin, permet de s'assurer de la constance de cette température. On laisse ensuite refroidir lentement, on enfonce de nouveau les bouchons, car un petit vide s'est produit et on cachète à la cire. S'il s'agit de vins vieux, on devra, au préalable, transvaser les bouteilles. Le vin ainsi traité se conserve indéfiniment. Le procédé n'est évidemment pas applicable en grand, mais il est très simple et permet au petit propriétaire de sauver des vins fins ou ordinaires mis en bouteilles et qui passent, tournent, filent ou s'absinthent.

Un petit appareil portatif, chauffé par bain-marie et vapeur, permettant le chauffage et le refroidissement graduels et ininterrompus du vin, est le pasteurisateur à bouteilles Frantz Malvezin. Le plus petit modèle pouvant pasteuriser jusqu'à 2,000 bouteilles par jour vaut déjà 900 francs.

Une observation importante, faite par M. Gayon, c'est que les bouteilles de vins pasteurisés doivent être couchées, sans quoi l'aération qui se fait lentement à travers le bouchon, entraînerait une oxydation trop active du vin et le goût d'évent.

Vins en fûts. — Pour pasteuriser les vins en fûts, un des appareils les plus recommandables est le *pasteurisateur Houdart.*

Fig. 29. — Pasteurisateur Houdart.

Cet appareil se compose essentiellement de trois parties distinctes :

1° La chaudière thermo-siphon *D*, où s'opère le chauffage de l'eau destinée à transmettre la chaleur au vin. Ce chauffage se fait, soit par le gaz, soit par la vapeur, jamais au feu direct, qui ne permet pas d'obtenir la régularité nécessaire pour obtenir une bonne opération.

La figure montre l'appareil de chauffage par le gaz, se composant de brûleurs, disposés en avant, dont la flamme est dirigée dans l'intérieur des tubes en cuivre étiré, sans soudure, qui aboutissent à la cheminée d'appel, après avoir traversé plusieurs fois l'eau du bain-marie. La pression du gaz est réglée automatiquement.

2° Le chauffe-vin *C*, dans lequel le vin s'échauffe au contact de l'eau à travers un faisceau tubulaire, qui se compose d'une quantité considérable de tubes d'un très petit diamètre et très longs (étamés à l'étain pur intérieurement et extérieurement), dans lesquels le vin très divisé circule lentement, de sorte que chacune de ses molécules se trouve longtemps en contact avec une paroi chauffée exactement à la température voulue (62° à 65°).

3° Le réfrigérant *B*, où le vin, sortant chaud de l'appareil, se refroidit au contact du vin froid qui entre au moyen d'un faisceau tubulaire établi sur les mêmes données que celui du chauffe-vin.

Le nettoyage du chauffe-vin et du réfrigérant est rendu très facile, grâce à l'*amovibilité des faisceaux tubulaires*. Il suffit de desserrer quelques vis pour sortir ces tubes de leurs enveloppes; et la remise en place en est des plus simples.

Le réfrigérant est surmonté d'un réservoir *A* dans lequel le vin est amené par un robinet à flotteur qui maintient constant le niveau du vin afin d'assurer à l'appareil un débit très régulier que l'on règle au moyen du robinet à cadran *I*.

Ces différentes parties sont réunies par des tuyaux très faciles à monter et à démonter.

Deux thermomètres indiquent la température maxima du vin chauffé et celle de l'eau du bain-marie.

Le nouveau pasteurisateur établi par ces constructeurs et qui est figuré ci-contre a, sur le précédent, l'avantage de pouvoir servir non seulement à la pasteurisation des vins, mais encore à la stérilisation complète des moûts, qui exigent une température beaucoup plus élevée, dépassant 100°,

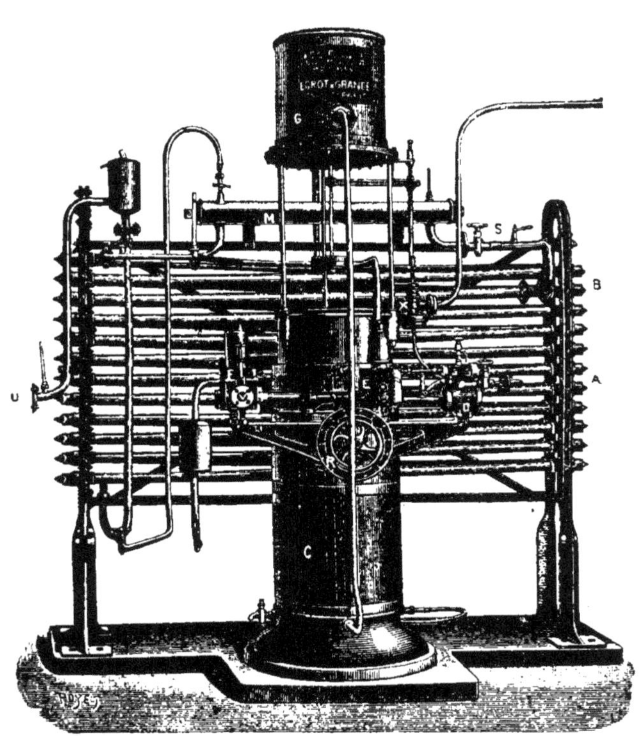

Fig. 30. — Nouveau Pasteurisateur Houdart.

et enfin à la réfrigération des moûts au cours de la
fermentation. Il permet d'élever, à l'abri de l'air,
de 15 à 130° le liquide à stériliser qui sort complètement refroidi de l'appareil, et cela sans dépense
d'eau. Enfin, il empêche, grâce à la pompe qui
refoule sous pression et à grande vitesse le liquide
dans toutes les parties de l'appareil, le dégagement
de gaz ou vapeur : condition importante au point
de vue de l'altération consécutive du vin, par suite
de la perte possible en produits volatils sous l'action de la température qu'il subit.

Bien conduit, le chauffage donne, en règle générale, d'excellents résultats, et tout en conservant les qualités propres au vin, son bouquet, sa couleur, en assure la conservation. Mais le chauffage mal conduit, ou effectué à l'aide d'appareils défectueux, exécuté irrégulièrement et à des températures trop élevées, ne donne que des déboires.

Quand faut-il pasteuriser? Si le degré alcoolique des vins n'est pas suffisamment élevé, si les acides volatils sont à dose trop forte, si l'examen microscopique des lies révèle la présence de bactéries pathogènes, en particulier de celui de la tourne, il n'y a pas à hésiter. La pasteurisation des vins, exécutée promptement, est le meilleur gage de conservation. Mieux vaut prévenir que guérir et, pour le négociant, c'est un petit surcroît de dépense amplement racheté par la sécurité qu'il procure. Pour les coupages en particulier, la pasteurisation n'a pas seulement pour effet de détruire tous les germes des vins associés, mais encore de donner au mélange une homogénéité, *un fondu* que seul le temps pourrait lui procurer.

Cependant, on ne saurait toujours et en toute occasion recommander la pasteurisation, qui peut être plus nuisible qu'utile, s'il s'agit de *vins fins, absolument sains, et surtout si ce sont des vins blancs*. Seul, l'examen microscopique du vin et de ses lies, le dosage de son acidité *volatile*, indiqueront pour ces vins fins s'il faut recourir à la pasteurisation.

Les antiferments et la pasteurisation. — Des industriels suspects ne se gênent pas pour proposer aux viticulteurs, aux négociants en vins, des poudres plus ou moins mystérieuses, possédant la propriété de *pasteuriser* le vin, d'en assurer la conservation. Le plus souvent, le produit vendu est sans valeur, sans influence quelconque, du plâtre par exemple, c'est alors une véritable escroquerie.

D'autres fois, la substance vendue est du fluorure d'ammonium, de sodium, ou un mélange plus ou moins complexe de ces substances, additionnées ou non de matières indifférentes, servant à masquer le produit.

Or, il n'existe à cette heure *aucune* substance antiseptique, dont l'usage *prolongé* ne soit pas dangereux pour l'organisme. La loi Brousse, 12 juillet 1891, interdit l'emploi des acides borique, salicylique, benzoïque, etc., pour les vins et les bières, aussi bien d'ailleurs que dans les autres denrées alimentaires, beurre, lait, pâtisseries, etc., et s'il n'est pas fait mention nominale des fluorures, du formol ou de l'abrastol que l'on emploie également dans ce but, incontestablement l'esprit de la loi s'étend jusqu'à eux et englobe tous les agents antiseptiques dans la même proscription.

Donc, ne pas se laisser convaincre par ces industriels peu scrupuleux et recourir à la pasteurisation, qui assure sans danger la tenue des vins.

Si le prix encore élevé de ces pasteurisateurs n'en permet pas l'acquisition à tous les viticulteurs, il semble que ce soit le rôle des syndicats d'en faire l'achat et de les mettre à la disposition de leurs adhérents. D'ailleurs, il est des industriels qui pasteurisent, au prix minime de 0.50 à 1 fr. l'hecto, les vins qu'on leur adresse.

Ozonisation. — Cette opération consiste à faire agir sur le vin un gaz éminemment oxydant, l'ozone, que l'on prépare, en général, par électrisation de l'oxygène pur ou même de l'air.

Procédés. — On fait barboter le gaz bulle par bulle dans le liquide à traiter, ou bien encore on pulvérise le liquide dans un milieu très riche en ozone : ce dernier procédé, de beaucoup le plus actif, est aussi le plus économique, car il permet d'utiliser tout le gaz jusqu'à complet épuisement de son action oxydante. Le rôle oxydant de l'ozone semble favorable pour le vieillissement des vins de valeur moyenne, dont il modifie avantageusement la couleur et le parfum; enfin, ce gaz, en détruisant en partie du moins les ferments du vin, en assure la conservation. Les travaux du professeur Bœrsch ne semblent, cependant, pas très favorables à l'emploi de l'ozone. Voici, en effet, les conclusions adoptées à ce sujet par le congrès international de Vienne de 1898.

Les nombreux essais, qui furent faits à la station de Klosterneuburg, au sujet de l'action de l'ozone sur le vin, ont fourni la preuve que l'ozone exerce une action très profonde sur les propriétés du vin. Pour les vins complètement fermentés et riches en bouquet, son action est décidément défavorable. Pour les vins excessivement riches en alcool, l'action s'est montrée moins défavorable. Pour des vins doux ordinaires, on put établir une amélioration de goût et une tendance à les faire fortement vieillir. Des vins affectés de défauts tels que le goût de fût, le goût de moisissure, manifestèrent à un moindre degré, après traitement, ces défauts.

Un procédé simple permet d'essayer à peu de frais la valeur de ce traitement qui donne souvent d'excellents résultats. Au lieu de préparer l'ozone électriquement, ce qui réclame une installation assez coûteuse, il suffit de recourir à une source d'ozone. d'invention récente, l'eau ozonée. C'est de l'eau *saturée d'ozone* et préparée en soumettant de l'eau chargée d'acide carbonique et d'oxygène à l'action de fortes décharges électriques. Cette eau renferme de 8 à 10 fois son volume d'ozone. Il suffit, pour améliorer sensiblement les vins, d'en mettre de 10 à 15ᶜᶜ par litre et d'abandonner pendant quelques jours le tout en cave. Le traitement peut se faire aussi bien avec le vin en bouteilles qu'en fût. Si on voulait obtenir un vieillissement rapide, il suffirait de chauffer le vin, une fois additionné d'eau ozonée, à une température de 40° à 50° centigrades, pendant quelques minutes. Au bout d'un mois on a du vin vieux de plusieurs années. Ce procédé employé par un certain nombre de négociants en vins, l'est en particulier par des fabricants de champagne, qui l'appliquent en grand au traitement des vins à champaniser.

Les vins-liqueurs sont notablement améliorés par ce procédé, mais il faut employer 15 à 25ᶜᶜ d'eau ozonée par litre de vin.

Le prix du traitement est peu élevé, car avec 1 litre d'eau ozonée on peut traiter 100 bouteilles de vin, ce qui ne représente guère qu'une dépense de quelques centimes par bouteille, chose insignifiante eu égard aux résultats obtenus.

Électrisation des vins. — Des essais répétés, exécutés à Paris, à Bordeaux, en Algérie sur des vins de différentes natures et soumis après traitement à une commission de dégustateurs et de négociants ont donné des résultats excellents. Voici les conclusions mêmes de cette commission :

« 1° Les vins traités sont tous en bon état de
« conservation et ont l'aspect de vins qui se main-
« tiennent dans de bonnes conditions.

« 2° Les vins non traités sont plus ou moins
« altérés et dans un état qui ne permet pas de les
« livrer à la consommation.

« 3° Les vins qui avaient un commencement de
« piqûre avant le traitement sont restés station-
« naires après traitement. La maladie s'est arrêtée,
« tandis que les mêmes vins non traités ont conti-
« nué à dépérir de plus en plus vite.

« 4° Le traitement électrique n'a communiqué
« au vin aucun goût particulier. On a reconnu, au
« contraire, que la qualité s'était améliorée par un
« commencement de vieillissement. Enfin les my-
« codermes et ferments pathogènes avaient été
« tués ou rendus inertes par ce traitement. »

La source d'électricité était non pas le courant continu autrefois essayé sans succès, mais le courant alternatif à basse fréquence fourni par un magnéto-alternateur de Méritens.

Congélation. — C'est un moyen économique et de pratique assez facile dans les régions froides du Centre et de l'Est, pour concentrer les vins et obtenir en peu de jours leur parfait éclaircissement. Ce procédé, aussi bien applicable aux vins rouges qu'aux blancs, sans distinction de crûs, améliore sensiblement les vins, pourvu que l'opération soit conduite avec prudence et mieux encore précédée d'un essai fait sur une faible quantité du vin à traiter.

Il suffit d'exposer en hiver, par les grands froids, le vin au dehors, dans de petits fûts de 60 à 75 litres, en ayant soin que sa température ne s'abaisse pas plus bas que 6 degrés *au-dessous* de 0°. Ces tonneaux ne seront pas complètement remplis, à cause de la dilatation du liquide due à la gelée. Il se forme à la surface du vin une petite couche de glace. On soutire le vin liquide, les glaçons restent avec la lie : éviter avec soin de laisser des glaçons dans le vin, car en redevenant liquide, cette eau pourrait communiquer au vin une saveur désagréable, que l'on pourrait d'ailleurs cacher par l'addition d'un peu de bonne eau-de-vie ou d'un vin plus corsé.

Ces glaçons sont surtout composés d'eau et de très peu d'alcool. Le vin qui s'est écoulé est trouble, en raison du peu de solubilité des divers principes du vin à cette basse température. La crème de tartre en particulier se dépose en cristaux entraînant avec eux les matières albuminoïdes en suspension et une partie de la substance colorante. Il se fait ainsi une sorte de collage naturel, qui donne au vin un brillant remarquable.

Le vin traité doit être mis dans l'endroit le plus frais du chai ou de la cave, afin que sa température se relevant le plus lentement possible, son dépouillement se fasse plus complètement.

CHAPITRE XV

La mise en bouteilles.

Mise en bouteilles. — Lorsque le vin, bien dépouillé, clair et limpide, parfaitement sain, a acquis dans le tonneau toutes ses qualités, qu'il est *fait*, on doit le mettre en bouteilles. Là, mieux isolé du contact de l'air, il conserve assez longtemps ses qualités caractéristiques, qui peuvent même s'accentuer, du moins pendant quelque temps. Après quoi, le vin tend vers la décrépitude, que la mise en bouteilles n'a fait que retarder plus ou moins longtemps, suivant sa nature.

La mise en bouteilles se fera de préférence en automne ou en hiver, par temps froid et sec.

Le fût est ouvert par le haut, et le vin soutiré par le bas avec un robinet de petit diamètre.

Le jet est reçu obliquement dans la bouteille pour éviter une aération trop énergique du vin. La bouteille, une fois pleine, jusqu'à deux ou trois centimètres au-dessous de la bague, on ferme *lentement* le robinet.

Choix des bouteilles. — Chaque vin exige une forme spéciale : du moins dans le commerce. On n'imagine pas du vin du Rhin ou du Lafite servi dans une bourguignonne. Pour le petit propriétaire travaillant pour lui ou une clientèle connue et limitée, la forme des bouteilles a moins d'importance. Ce qui en a beaucoup plus, c'est que le verre soit intact, sans félures, ni soufflures, et qu'il ne contienne pas un excès de potasse qui pourrait être décomposé par les acides du vin. On peut s'en assurer en introduisant dans une bouteille un peu d'acide sulfurique ou d'acide tartrique légèrement étendu d'eau, on chauffe au bain-marie et on laisse reposer. Au bout de quelques jours, si la solution se trouble, le lot de bouteilles est à rejeter.

L'essai des bouteilles est important, car si par suite d'un verre trop calcaire ou trop alcalin, la paroi est attaquée par les acides du vin, il se forme des tartrates de chaux, d'alumine, potasse ou soude qui précipitent la matière colorante du vin. Si, de plus, le verrier a employé de la soude brute ou de varech, il peut en résulter la présence de sulfures alcalins qui, sous l'action des acides, donnent au vin un goût de soufre insupportable, dû à l'hydrogène sulfuré qui se dégage.

Il y a avantage à ce que la couleur des bouteilles soit plutôt foncée que claire, elles préservent mieux le vin de l'action de la lumière. Cependant, les vins blancs sont toujours mis en bouteilles claires, qui font mieux valoir leur couleur et leur limpidité.

Les principales sortes de bouteilles couramment employées sont les suivantes :

		Centilitres	Prix du cent
Bordelaise ..... grand frontignan		74 à 76	17 à 18 francs.
— ..... moyen —		72 à 74	16 à 17
— ..... petit —		68 à 80	14 à 16
Bourguignonne.......................		75 à 78	19 à 20
Champenoise........................		80 à 81	32 à 35
Vins du Rhin		75 à 77	24 à 25
Litre.............................		99 à 100	18 à 19

Lavage des bouteilles. — Un premier lavage à l'eau tiède contenant 10 °/₀ de cristaux de soude est très utile. On laissera séjourner cette solution s'il y a des dépôts dans la bouteille. Le lavage à l'eau ordinaire se fait à l'aide soit d'un goupillon à rincer, soit d'une chaînette. Eviter l'emploi des

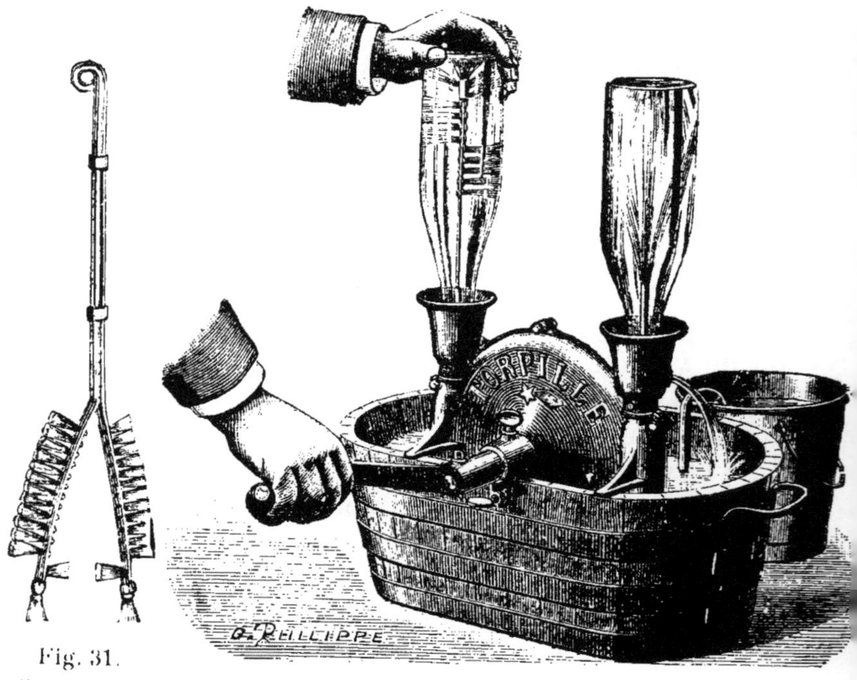

Fig. 31.
GOUPILLON
A RINCER.

Fig. 32. — MACHINE A RINCER LES BOUTEILLES.
Elle permet de rincer environ 300 bouteilles à l'heure.

grains de plomb : il en peut rester coincés entre la paroi et le fond. Il se formerait, au contact du vin, des sels de plomb vénéneux. L'emploi des brosses mécaniques, dont de nombreux modèles existent dans le commerce, est commode et rapide. Les bouteilles rincées sont égouttées sur des planches

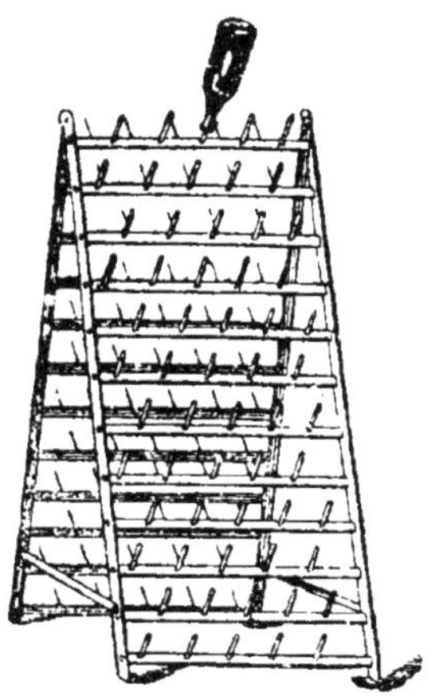

Fig. 33.

PORTE-BOUTEILLES A CHEVALET.

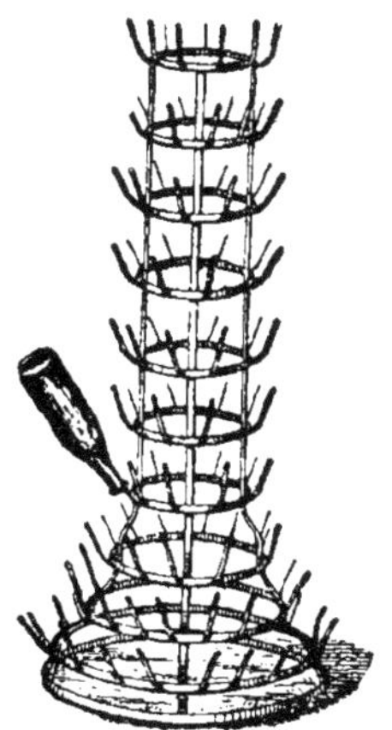

Fig. 34.

HÉRISSON.

à bouteilles ou sur des hérissons. Au bout de vingt-quatre à quarante-huit heures, elles sont prêtes pour le remplissage.

Bouchons. — Ce choix est plus important encore que celui de la bouteille. Ils peuvent donner au vin un mauvais goût. Il faut les laver à l'eau bouillante durant deux à trois heures. On tue ainsi les bactéries de toute nature pouvant exister dans leurs pores.

Si on emploie de vieux bouchons, ce qui est admissible chez le propriétaire travaillant pour lui, il est bon de les faire bouillir pendant une heure, égoutter et sécher. On les passe alors rapidement dans un bain contenant :

Eau .... 10 litres
Acide chlorhydrique...... 200 grammes
Acide oxalique.......... 100   —

puis on les lave à grande eau et on les fait sécher au soleil, dans un grenier ou dans un four chauffé à 70° ou 80°. Ils redeviennent aussi blancs que s'ils étaient neufs. Une excellente précaution qui évitera sûrement au vin le goût dit de bouchon, et qui isole absolument le liquide du contact de l'air, est de les *paraffiner*. Les bouchons bien secs sont plongés dans un bain de paraffine fondue et chauffé de 70° à 80°, on les place ensuite sur une claie dans un four chauffé, où ils perdent l'excès de paraffine qui les imprègne.

S'il s'agit de vins de prix, économiser sur les bouchons serait un mauvais calcul.

Ne pas acheter de bouchons vieux, plus ou moins bien retaillés pour leur donner l'aspect du neuf et qui souvent contiennent encore dans leurs pores une certaine proportion du liquide qu'ils ont antérieurement servi à boucher, proportion **suffisante** pour altérer le vin.

Avant l'emploi, on fait gonfler les bouchons à l'eau bouillante durant quelques instants, puis dans l'eau froide, enfin on les plonge dans un récipient contenant un peu du vin de même nature que celui des bouteilles à boucher, ou un peu d'eau-de-vie. Certains mêmes, craignant que sous la pression l'eau qui a gonflé le bouchon s'écoule dans le vin, conseillent de s'en tenir exclusivement au gonflement dans le vin.

Enfin, malgré tous ces soins, et quel que soit le prix mis aux bouchons, il en est fatalement, qu'il est d'ailleurs impossible de reconnaitre, qui donneront mauvais goût aux vins. Il est donc toujours plus sage de paraffiner tous les bouchons avant l'emploi.

Le bouchage se fait, soit en enfonçant le bouchon à la main et le tassant avec une batte, soit avec un bouche-bouteilles, soit enfin avec une machine à boucher.

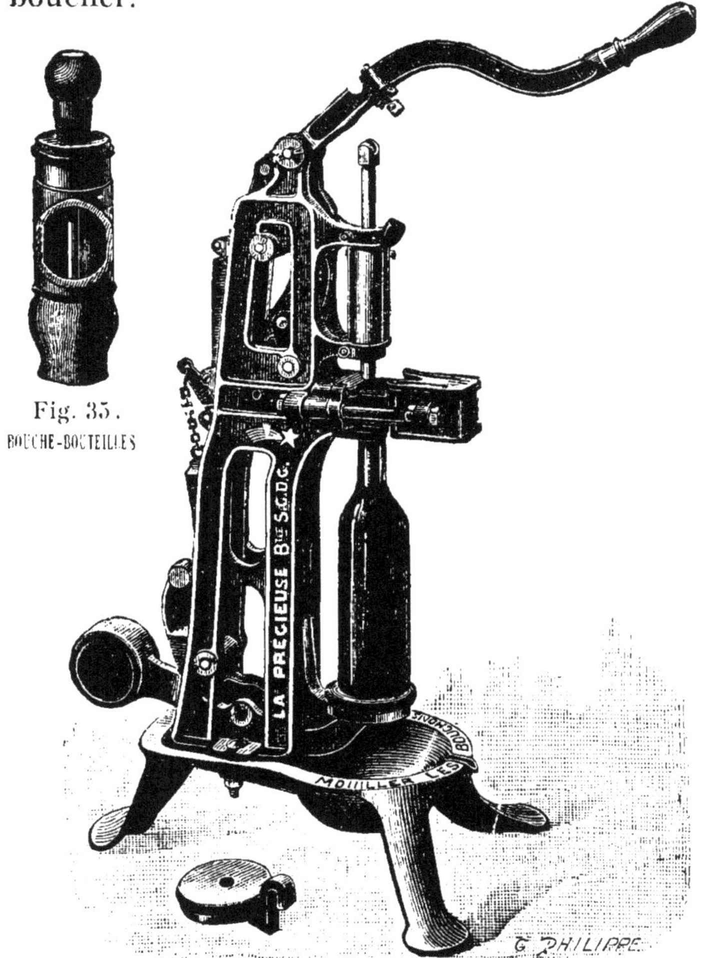

Fig. 35.
BOUCHE-BOUTEILLES

Fig. 36. — MACHINE A BOUCHER, dite *La Précieuse*,
à trois compresseurs.
Les bouchons pris dans tous les sens ne peuvent se briser.

Goudronnage. — Les bouteilles où le vin doit vieillir et être conservé longtemps seront goudronnées.

Voici une formule de cire facile à exécuter, et donnant un produit moins coûteux et de meilleure qualité que beaucoup des cires mises dans le commerce.

	Cire jaune.................	250 grammes.
Cire rouge	Colophane	500 —
	Poix-résine..............	500 —
	Vermillon	45 —

Cire rouge foncé. On remplace les 45 grammes de vermillon par 50 grammes d'ocre rouge.

Cire bleue. On remplace les 45 grammes de vermillon par 50 grammes de bleu de Prusse.

Cire noire. On remplace les 45 grammes de vermillon par 30 gr. de bleu de Prusse et 30 gr. de noir de fumée.

Ces proportions suffisent à coiffer environ trois cents bouteilles.

Les bouteilles doivent être cachetées, de façon à ce que la cire recouvre *complétement* le bouchon.

Mise en cave. — Le procédé le plus commode est l'emploi de casiers porte-bouteilles en fer galvanisé ou non, ouverts ou fermés, doubles ou simples, dont le prix varie de 5 à 14 fr. les cent places.

Les étiquettes s'altérant rapidement en cave, on peut les remplacer de la façon suivante : on achète du tube de verre, on le coupe en petits morceaux de 6 à 8 centimètres, on bouche le haut et le bas et on cachète à la cire après avoir introduit, à l'intérieur, un petit carton portant les indications nécessaires. Un brin de ficelle, introduit dans le bouchon avant qu'on le cachète, sert à suspendre cette étiquette indélébile.

CHAPITRE XVI

Maladies et défauts des vins.

Les vins sont susceptibles d'altérations nombreuses, capables d'en modifier profondément le goût, les qualités alimentaires et même de les mettre totalement hors d'usage.

Nous signalerons les principales en donnant, autant que possible, l'indication des remèdes.

I. MALADIES DES VINS.

Nous diviserons tout d'abord les *maladies* en deux groupes, celles dont les agents ou ferments se développent *à la surface du liquide*, la présence de l'oxygène de l'air leur étant indispensable, puis celles dues à des germes qui, vivant à l'abri de l'air, se trouvent au *sein même du liquide*, le troublent ou déterminent la formation de dépôts ou lies abondantes.

Dans le premier groupe, nous rangerons seulement : 1° les fleurs du vin ; 2° l'acescence.

1° **Fleurs du vin.** — Le voile blanchâtre, qui apparaît si rapidement à la surface du vin abandonné au contact de l'air, est dû à un petit champignon, le *mycoderme du vin*. Il est réduit à une

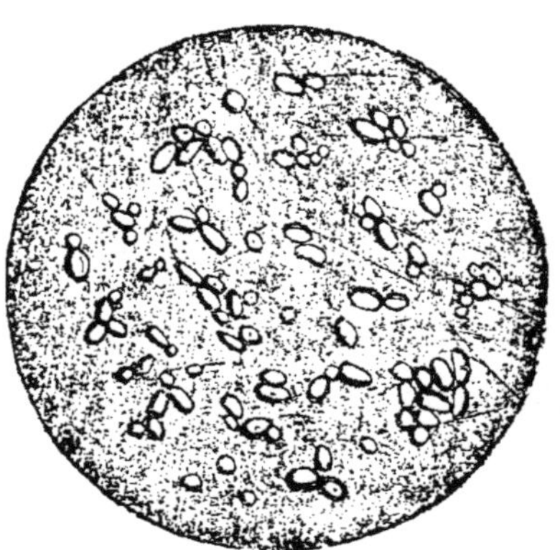

Fig. 37. — *Mycoderma vini* (FLEURS DU VIN).

simple cellule allongée, c'est-à-dire à une petite
masse ovalaire dont le diamètre varie de 4 à 6
millièmes de millimètre, limitée extérieurement
par une fine membrane de cellulose ; au milieu de
la cellule apparaissent un ou deux noyaux. Vieux,
il s'allonge beaucoup, s'étrangle et prend des formes anguleuses et bizarres. On les distingue aisément des cellules de levure alcoolique, qui sont elles
aussi globuleuses elliptiques, ou en forme de poire,

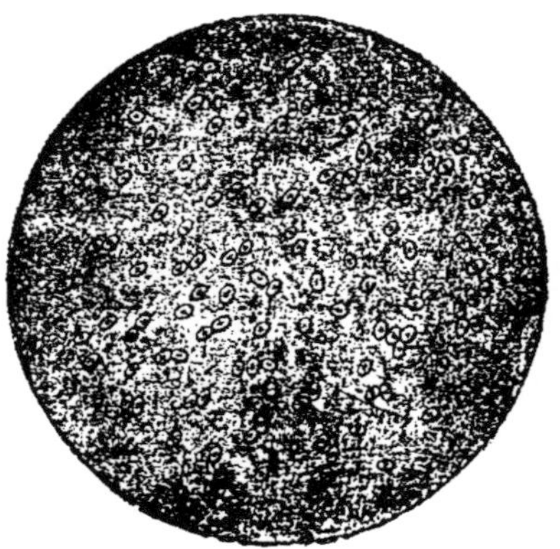

Fig. 38. — LEVURE ELLIPTIQUE.

mais moins allongées, plus arrondies et moins aplaties que les mycodermes du vin. Ceux-ci ne sont d'ordinaire pas réunis en chapelets, ce qui les fait distinguer aisément du ferment du vinaigre, d'ailleurs beaucoup plus petit.

Pour se multiplier, chaque cellule donne naissance à un petit bourgeon vers l'une de ses extrémités, le bourgeon grossit et se détache. Parfois, cependant, quand le voile est très épais, le bourgeon reste sur la cellule-mère, et se comportant comme elle, on a des cellules en chapelets, comme chez le *mycoderme du vinaigre*. Ce champignon vit aux dépens de l'alcool du vin, qu'il brûle en le décomposant en eau et acide carbonique qui se dégage. Le titre du vin baisse donc, en même temps qu'il prend un *goût d'évent*. Il se développe surtout sur les vins faibles en alcool et à forte acidité. On prévient le mal en maintenant toujours, par un *ouillage* répété, le fût plein de liquide.

Pour y remédier, on introduit par un entonnoir à long tube plongeant profondément dans le vin, une certaine quantité de vin bien sain qu'on verse lentement. Les *fleurs* montent et arrivent au trou de bonde, d'où on les chasse en soufflant. Si le titre du vin a notablement baissé, on peut le relever en introduisant un demi-litre à un litre d'alcool bon goût par hectolitre. Si un tonneau de vin sujet à la fleur doit rester quelque temps en vidange, mécher après chaque soutirage important de liquide, et employer le fausset hygiénique de Houdart. On peut s'en construire d'ailleurs à bon compte, avec un tube de verre de 10 à 15 millimètres de diamètre. On étire une extrémité, après l'avoir chauffée à un bec de gaz, ou à une lampe de soudeur. On introduit la pointe dans le trou fait à la bonde au moment de la mise en perce et destiné à laisser rentrer l'air. On mastique avec un peu de cire à goudronner les bouteilles et on introduit dans la partie supérieure de ce tube un peu d'ouate bien propre, de coton hydrophile pour pansement, par exemple, que l'on *flambe* légèrement, en promenant tout autour la flamme d'une lampe à alcool. Ce tampon filtre l'air et arrête tous les germes qu'il contient.

2° **Aigreur ou acescence.** — Il est bien rare qu'un vin, même soigné, ne renferme pas des traces d'acide acétique. cela n'a d'ailleurs aucun inconvénient, tant que les proportions restent minimes. Mais quand, par suite d'une vinification mal conduite, ou mal surveillée, du peu de propreté de la vaisselle vinaire, ou du cellier, ou de l'entrée de l'air dans des fûts mal ou trop rarement ouillés, cette maladie éclate dans le vin, il prend rapidement un goût d'aigre, de piqué qui le met hors d'usage.

Cette maladie est due à un champignon, le *mycoderme du vinaigre*, bien différent du précédent.

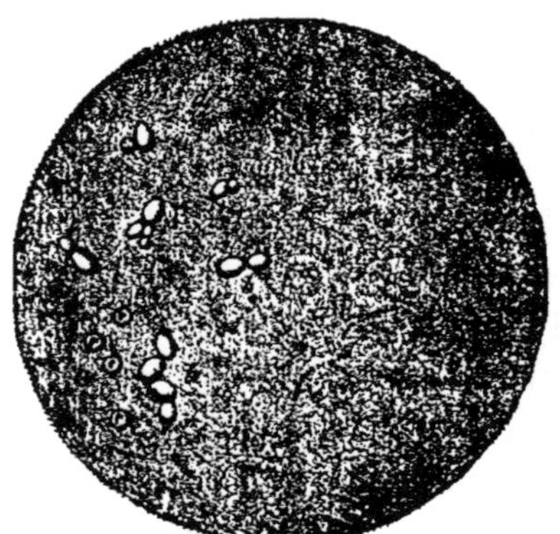

Fig. 59. — *a.* Levure du vin : — *b.* Mycoderme du vin : *c.* Mycoderme du vinaigre.

Au lieu de grosses cellules généralement isolées, on trouve de petites cellules sphériques de 1 à 2 millièmes de millimètre, très réfringentes, ce qui leur donne un peu l'aspect de fines gouttelettes huileuses, sans traces d'enveloppe. Leur mode de reproduction diffère d'ailleurs du précédent. Chaque cellule s'étrangle en son milieu, et enfin se partage en deux moitiés, qui restent unies en forme de 8. Le même phénomène se répétant à l'infini, on a ainsi des sortes de chapelets aux petits grains sphériques juxtaposés en des sortes de 8. Ce champignon oxyde l'alcool qu'il transforme en acide acétique.

Comme dans le cas précédent, le meilleur traitement préventif est un ouillage complet et répété des fûts, le méchage des fûts en vidange. L'emploi des faussets stérilisateurs, d'ailleurs excellent, n'est cependant pas une garantie suffisante, car s'ils filtrent l'air et arrêtent les germes, ils ne détruisent pas ceux qui se trouvent déjà dans le vin.

Si le vin renferme de 1 à 2 grammes d'acide acétique par litre, le mal est sans remède, il faut en faire du vinaigre.

S'il en contient moins, on peut masquer ce goût soit en le coupant largement avec un vin pauvre en acide, il faut alors consommer de suite le mélange, soit en neutralisant l'acide par addition de potasse, carbonate de chaux, craie, marbre, ou tartrate neutre de potasse.

L'emploi de ces diverses substances n'est pas également recommandable.

1° *Potasse.* — Prendre de la potasse caustique pure, en pastilles par exemple, et en faire une dissolution à raison de 200 grammes par litre. On sait qu'il faut environ 1 gramme de potasse pour neutraliser 1 gramme d'acide acétique. On versera dans un litre du vin à traiter d'abord 2^{gr}5, ce qui correspond à un 1 2 gramme de potasse : dans un autre 5^{gr}, ce qui correspond à 1 gr. et ainsi de suite. On dégustera après chaque opération et on verra quand il faut s'arrêter. Le danger de l'emploi de la potasse est que si on dépasse la dose limite, on ternit la couleur du vin, dont la composition se trouve changée ; en outre, on introduit dans le vin un sel, l'acétate de potasse, résultant de l'action de l'acide acétique sur la potasse, dont l'excès peut être nuisible.

2° *Carbonate de chaux.* — On l'emploie sous forme de craie et de marbre pulvérisé. Ces matières sont rarement pures, renferment du fer, de la magnésie, etc., qui peuvent altérer le goût du vin. Il en faut 1^{gr}2 par gramme d'acide acétique.

3° *Tartrate neutre de potasse.* — Le meilleur produit à employer est le *tartrate neutre de potasse*; 3^{gr}7 de ce sel neutralisent 1 gramme d'acide acétique. Ne pas confondre ce sel avec le tartrate *acide* de potasse. On le pulvérise finement, et on en ajoute dans un premier litre 1^{gr}8, dans un second 3^{gr}7, etc., et on déguste pour savoir la dose à employer. Voici la réaction qui se produit : au contact de l'acide acétique, le tartrate neutre devient tartrate acide de potasse qui se dépose, et l'acide acétique se change en acétate de potasse.

Ce sel garde au vin sa fraîcheur et n'altère pas sa couleur.

On remarquera qu'il est *impossible* par ces moyens de faire disparaître *totalement* le goût de piqué, car comme le vin contient d'autres acides que l'acide acétique, la substance introduite, alcali ou calcaire, *se partage* entre eux, si bien que pour fixer tout l'acide acétique, il faudrait neutraliser tous les acides du vin, et on n'aurait plus qu'un liquide plat, sans valeur, et qui contiendrait des alcalis, potasse ou chaux en proportions anormales.

Le deuxième groupe des maladies du vin, dont il nous reste à parler, n'ont pas même origine. L'air n'est plus nécessaire au développement de leurs germes, qui ne forment plus de voile à la surface du liquide. Ils se trouvent dans la masse même du liquide. L'alcool n'est plus détruit, mais les éléments constitutifs du vin, tartre, tannin, sucre, glycérine, sont profondément modifiés. Ils servent à la nutrition du ferment qui, à leurs dépens, élabore des principes nouveaux, acides volatils, tels que l'acide carbonique, acide acétique, butyrique, propionique : acides fixes, lactique, tartronique, etc.

L'ouillage est ici sans effet. Le vin a en lui-même ses germes de maladie, germes empruntés à la grappe et introduits dans le moût ou dus aux vases vinaires, dont le nettoyage a été insuffisant. Les principales de ces maladies sont : la graisse, l'amertume, la pousse, la tourne, etc.

3° **Graisse.** — Le vin devient visqueux, trouble, filant comme de l'huile. Cette maladie est due à des chapelets de petits globules sphériques, de diamètre très variable suivant les espèces de vins où ils se développent, mais mesurant en moyenne 1/1000 de millimètre. Ils s'accompagnent d'une sorte de gelée qui, avec les chapelets enchevêtrés du ferment, forment souvent une sorte de peau assez analogue à la mère du vinaigre.

C'est la maladie des vins faibles, manquant de tannin, ou dont la vinification a été mal conduite et la fermentation incomplète. Elle se manifeste surtout chez les vins blancs qui, n'ayant pas fermenté au contact des marcs, n'ont pu s'assimiler le tannin qu'ils contiennent. De là, la plus grande fréquence de cette maladie chez les vins blancs que chez les rouges.

Le sucrage des vendanges, l'addition de tannin à la cuve sont les meilleurs moyens préventifs.

Si le mal est à son début, deux ou trois soutirages à l'air, sans mécher les fûts, suffisent pour l'arrêter. On peut encore ajouter 15 à 20 grammes de tannin dissous dans un demi-litre d'alcool bon goût, pour chaque hectolitre de vin traité. Après quoi, on collera légèrement à la colle de poisson. J'ai vu employer avec succès pour un vin léger rouge de Beaujolais le traitement suivant. Les bouteilles du vin filant furent vidées dans une pièce à l'aide d'un entonnoir dans lequel on avait bourré de la paille de seigle. Un léger collage achevait ensuite la précipitation du ferment. Sans doute l'oxydation et la filtration sommaire due au passage du vin sur cette paille, sont les causes probables du succès de ce traitement empirique et cependant couronné de succès, dans la circonstance, du moins.

4° **Amertume.** — C'est là une maladie spéciale aux vins de certaines régions. Les grands vins de Bourgogne y sont assez sujets, ainsi que ceux de Champagne obtenus du Pinot. Elle débute par un affai-

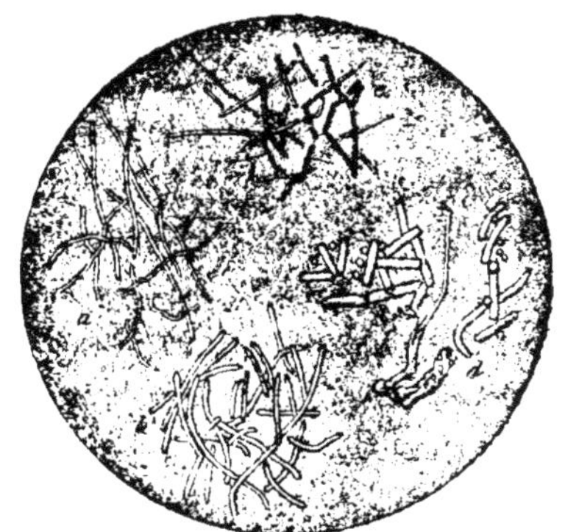

Fig. 40. — Ferments de l'amertume :
a, jeunes; *b*, plus âgés; *c*, couverts de matières colorantes;
d, incrustés par la matière colorante.

blissement de la coloration du vin qui prend la teinte pelure d'oignon. La saveur devient d'abord fade; le vin *doucine*, comme disent les vignerons. Puis elle passe franchement à l'amer, d'une amertume désagréable, rappelant celle du mauvais quinquina. Un abondant dépôt de matière colorante se fait au fond des vases et sur les parois.

Cette maladie est due à des bactéries découvertes par Pasteur, ayant la forme de filaments plus ou moins longs, contournés, simples, formés de bâtonnets accolés bout à bout. Ces filaments, quand la maladie est un peu vieille, se réunissent entre eux pour produire de véritables faisceaux composés, eux aussi, de courts bâtonnets accolés. Ils se recouvrent de matières colorantes et on voit sur leurs parois des épaississements opaques ou des nodosités rouge foncé. Cette incrustation de matière colorante semble se faire sur les ferments morts ou dont l'activité est considérablement ralentie.

Ce ferment donne naissance à une portion assez considérable d'acides fixes, aux dépens du glucose encore contenu dans le vin et d'acides volatils aux dépens de la glycérine.

D'après M. Duclaux, un vin de Pomard, malade de l'amer, déjà étudié par Pasteur en 1863 et analysé de nouveau en 1873, avait vu son acidité totale (exprimée en acide acétique) augmenter de 2 grammes 27 par litre. L'acidité volatile avait, elle aussi, augmenté de 0,94, dont 0,78 d'acide acétique et 0.16 d'acide butyrique.

Il y a enfin production d'ammoniaque, dont la présence serait en partie cause du goût caractéristique de cette maladie.

Si les vins sont jeunes et peu atteints, on peut les régénérer par le procédé suivant :

On prend pour 220 litres de vin malade, 2 litres de lie fraîche d'un vin sain et non collé si possible, ou mieux encore de levures sélectionnées. On y ajoute 2 kilos de sucre cristallisé, deux litres de bon vin chauffé à 40°. Au bout de quelques instants, la fermentation commence. On verse le tout dans le tonneau de vin à traiter, que l'on place dans un local chauffé, si on le peut. On roule et on laisse reposer pendant deux à quatre semaines, en laissant un trou de fausset, pour permettre l'échappement du gaz de la fermentation. Au bout de ce temps, le vin a repris son goût et sa couleur normale. On soutire, on colle après addition d'un peu de tannin (10 grammes) et d'un peu d'alcool, un litre ou deux, après quoi on pasteurise.

On peut encore essayer le procédé suivant qui est une simplification du précédent : on dépote le vin, s'il est en bouteilles et on le verse dans un fût, où on l'agite énergiquement avec *de la levure fraîche*. Après quoi on pasteurise.

5° **Tourne.** — Cette maladie se manifeste par un changement de couleur du vin, qui devient louche et brunit; un dépôt abondant se précipite, la saveur devient fade et désagréable. Le vin, bientôt complètement décomposé, est absolument imbuvable. Elle éclate parfois dès le début de la fermentation en cuve, surtout quand les raisins sont fortement mildiousés. Aussi donne-t-on assez fréquemment à cette maladie le nom de *mildiou*.

Cette maladie est due à une bactérie en bâtonnet allongé; les bâtonnets très grêles, mesurant environ un millième de millimètre de diamètre, sont généralement assez courts. Chacun d'eux se multiplie rapidement, surtout à l'abri de l'air, de la façon suivante. Une cloison apparaît au milieu de chacun d'eux, et les deux moitiés isolées par elle se séparent ou parfois restent réunies, le bâtonnet apparait alors coudé; chaque moitié reprend bientôt la dimension primitive du bâtonnet et se multiplie comme lui. Ces bâtonnets sont mobiles. Ils se déplacent dans le champ du microscope. Se reproduisant surtout à l'abri de l'air, c'est dans les bouteilles que leur action est le plus redoutable. La plupart des vins y sont exposés, même les plus grands. On a proposé un certain nombre de traitements que nous allons résumer.

1er *traitement*. Chauffer à 60° et remonter le vin avec du tannin et par un léger vinage.

2° *traitement*. Viner à 10°, additionner de 5 à 6 grammes de tannin par hectolitre et de 25 à 30 grammes d'acide tartrique ou mieux de 10 à 20 grammes d'acide citrique. 24 heures après, coller. 15 jours après, soutirer en fût fortement méché.

3° *traitement*. *a)* Le vin a bruni faiblement : faire

brûler dans le fût 1 gramme 5 de soufre par hectolitre, laisser quelques jours le vin en contact avec l'acide sulfureux résultant de la combustion, b/ le vin est déjà sensiblement bruni : porter la dose à 2 grammes de soufre par hectolitre ; après plusieurs jours, coller.

6° **Pousse.** — On confond souvent la tourne et la pousse sous un même nom. Les ferments se

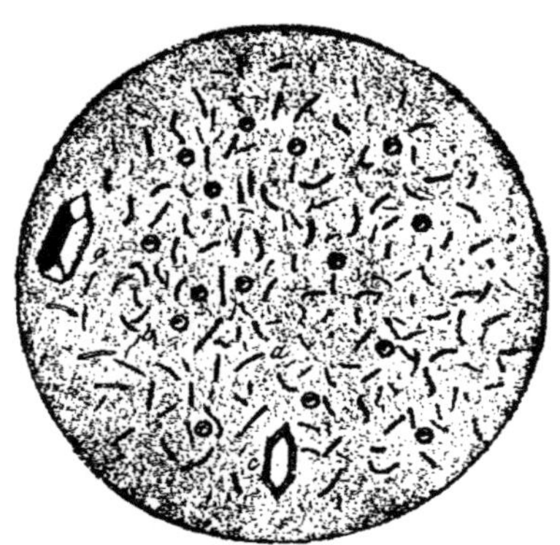

Fig. 41.   a. FERMENT DE LA POUSSE ; — b. FERMENT ALCOOLIQUE ;
c. CRISTAUX DE TARTRATE DE CHAUX.

ressemblent beaucoup. Les produits en résultant diffèrent : car, d'après M. Gauthier les acides tartronique et lactique seraient les éléments caractéristiques de la tourne ; l'acide propionique et carbonique, ceux de la pousse. C'est en effet à la forte proportion de gaz carbonique mis en liberté, gaz qui peut faire éclater les futailles, que cette maladie doit son nom. Quand on agite dans un verre le vin atteint de cette maladie, on voit des ondes soyeuses se mouvoir en divers sens et la lie est remplie de ces filaments très ténus. Le vin prend un goût plat, fade, douceâtre, une couleur noirâtre, dès qu'il est exposé à l'air.

Le traitement consiste à soutirer le liquide, le mécher énergiquement, 6 centimètres de mèche par barrique, puis on vine légèrement (1 litre de bonne eau-de-vie de vin) et on ajoute un peu de tannin. On colle ensuite avec 7 ou 8 blancs d'œuf par barrique. Après quelques jours de repos, dix à quinze, on soutire à nouveau et on mèche (4 à 5 centimètres par barrique).

Ce traitement n'a de chance de réussite qu'au début. La pasteurisation est le meilleur traitement préventif.

7° **Casse.** — On dit généralement qu'un vin se casse lorsque, tiré limpide du tonneau ou de la bouteille, il se trouble une fois exposé à l'air, et laisse en quelques heures déposer sa matière colorante. Cette maladie n'est jamais de nature microbienne. Il y en a plusieurs sortes, d'ailleurs assez faciles à distinguer, suivant la nature du phénomène, le mode d'action différent des divers agents chimiques et physiques.

Casse bleue. — On a pu ainsi distinguer (M. A. Bouffard) une *casse bleue* : les vins bleuissent à l'air, il se dépose une matière colorante bleue-violacée ou noire, qui est une sorte de tannate de fer analogue au précipité noir, que donne le tannin de la noix de galle avec les sels de fer au maximum.

Dans ce cas, les acides citrique et tartrique avivent la couleur ternie et empêchent le bleuissement ainsi que la précipitation de la matière colorante par le fer.

Casse brune ou *jaune*. — Cette casse est toute

différente dans ses causes, ses effets et son traitement.

La précipitation de la matière colorante résulte ici non pas d'une combinaison ferrugineuse, mais d'une oxydation de la matière colorante même. L'acide tartrique est ici sans effet. Le chauffage au contraire à 65° arrête la casse brune, tandis qu'il est sans effet sur la casse bleue. La casse brune est due à la présence dans le vin d'une substance nommée *oxydase*, qui se rencontre abondamment contenue dans tous les raisins blancs et rouges, au même titre que le sucre et les acides. C'est cet oxydase, extrêmement répandu dans tous les végétaux, qui fait brunir à l'air la surface des pommes coupées, qui colore tant de champignons lorsqu'on les brise.

La première chose à déterminer, c'est la nature de la casse à laquelle on a affaire.

On procédera donc à l'essai suivant :

On prend une bouteille du vin malade et on la chauffe à 65 ou 70°. Dans une autre bouteille on introduit 1 à 2 grammes d'acide tartrique par litre. On expose les deux échantillons à l'air. Si après 24 ou 48 heures, le vin tartrisé casse et le vin chauffé ne casse pas, on a affaire à la casse brune.

Si la casse se produit malgré le chauffage, mais est arrêtée par l'acide tartrique, on conclura à la casse bleue.

Traitement de la casse bleue. — Cette casse, qui se manifeste surtout daas les vins insuffisamment acides, se traite par l'acide tartrique. On opère d'abord sur quelques échantillons dans lesquels on introduit des doses progressivement croissantes de cet acide.

Traitement de la casse brune. — Le vin sera pasteurisé à la température de 65 à 70°. On peut remplacer la pasteurisation par le traitement à l'acide sulfureux. Cet acide sera ajouté au vin dans les proportions de 1 à 10 centigrammes. En règle générale, 1 à 5 centigrammes suffisent.

On peut employer le *bisulfite de potasse* qui, en cristaux, contient de 45 à 50 %, de son poids en gaz sulfureux. Il suffira, le plus souvent, de dissoudre dans le vin de 4 à 10 grammes par hectolitre.

Chauffage comme acide sulfureux, n'agissent que préventivement et ne peuvent donc rétablir les vins cassés ayant déjà perdu leur couleur.

8° **Vin mannité.** — Cette maladie, due à un ferment spécial en bâtonnets très courts, prend naissance dans la cuve même et se développe aussi longtemps qu'il reste dans le vin du sucre à transformer. Ce sucre se change sous l'action du ferment en une substance, la *mannite*, qui est une sorte de sucre de saveur douceâtre, qui se présente sous la forme d'aiguilles cristallines très fines, d'un éclat soyeux.

Pour la rechercher dans les vins, il suffit de faire évaporer lentement à froid deux ou trois centimètres cubes du liquide dans un godet plat. Au bout de vingt-quatre heures, la mannite a cristallisé en très fines aiguilles distribuées en rayonnant autour d'un centre.

Les doses de mannite trouvées dans les vins varient de moins d'un gramme à 30 grammes par litre. Les vins blancs sont plus rarement mannités que les rouges.

Les vins mannités ont une saveur aigre-douce

caractéristique due à un excès de sucre et à un excès d'acidité, résultant des acides volatils qui accompagnent la fermentation et qui sont surtout de l'acide acétique.

Les fermentations vicieuses, à température trop élevée, dans des moûts trop sucrés et pauvres en acide, sont la cause première de cette fermentation.

La pasteurisation est le seul moyen d'enrayer cette maladie et de permettre l'emploi du vin mannité, du moins quand il l'est à un très faible degré.

II. DÉFAUTS DES VINS.

1° **Goût de soufre et goût de mèche.** — Sous cette dénomination, on range toute une série d'altérations du vin dues à des causes très variées et qu'il faut tout d'abord séparer, si on veut recourir à un traitement.

Le *goût de soufre* est dû à la formation dans le vin d'un gaz spécial, l'hydrogène sulfuré, le même qui prend naissance dans les œufs pourris, et qu'exhalent les eaux sulfureuses.

a) La formation de ce gaz peut être due à un soufrage tardif contre l'oïdium. Les grains de raisins sont en effet couverts de soufre, et si on ne s'en débarrasse pas par un lavage, avant la mise en cuve, le soufre durant la fermentation, se change en hydrogène sulfuré, qui se dissout dans le liquide.

b) Elle peut être encore due à un collage fait avec des œufs de fraîcheur douteuse.

c) Il arrive parfois, si on n'emploie pas de brûle-mèche, qu'une partie de la mèche en combustion, tombe au fond du tonneau. Les cendres de cette mèche sont forcément riches en sulfures, et les acides du vin introduit décomposant ces sulfures mettent en liberté l'hydrogène sulfuré qui se dissout.

L'origine du *goût de mèche* est tout différent. Il tient à ce qu'on a entonné du vin dans des fûts trop fortement méchés, ou venant d'être méchés, sans que l'on ait au préalable expulsé le gaz sulfureux.

Pour remédier au goût de soufre dû à l'hydrogène sulfuré, un premier traitement, très simple, est un *méchage énergique*. L'acide sulfureux formé en se dissolvant dans le vin décompose l'hydrogène sulfuré et le goût d'œufs pourris disparaît, mais pour cela il faut un méchage presque exagéré. Il peut alors arriver que le vin ait pris le goût de mèche, en échange du goût de soufre. Mais comme le remède à ce nouveau mal est facile, il n'y a pas à s'en inquiéter.

On peut encore traiter le vin par le charbon de bois. On introduit dans le tonneau soit 500 grammes de charbon en poudre, soit 25 à 30 grammes de charbon concassé en morceaux par hectolitre. La braise de boulanger convient très bien. Le traitement est surtout applicable aux vins blancs qui ne craignent pas, comme les vins rouges, l'action décolorante du charbon. Après traitement, on colle ou on filtre.

Quant au goût de mèche, il suffit, pour le faire disparaître, de pratiquer un ou deux soutirages au contact de l'air. Le vin est reçu dans de larges récipients, pour multiplier la surface de contact de l'air et agité, fouetté, puis énergiquement collé.

2° **Goût de terroir.** — Ce défaut n'en est un que

lorsqu'il est exagéré ou désagréable. Il suffit alors à déprécier des vins autrement de bonne qualité. Il peut résulter d'une mauvaise vinification, et en particulier d'une cuvaison trop prolongée et mal conduite.

Il faut, dans ce cas : 1° Accélérer la cuvaison par échauffement du moût, emploi des levures sélectionnées ou d'un levain préparé comme nous l'avons indiqué ;

2° Décuver dès que le densimètre marque 0 ;

3° Procéder à l'égrappage ;

4° N'ajouter au vin de goutte que le vin de première presse, la seconde presse ayant bien plus que la première, le goût caractéristique que l'on veut éviter ;

5° Soutirer le plus tôt possible, de façon à diminuer le séjour sur les lies ;

6° Répéter les soutirages ;

7° Enfin, lorsque ce goût est franchement désagréable on peut verser dans la pièce un litre de bonne huile d'olive, fouetter énergiquement et, au bout de deux jours l'huile remonte emportant la plus grande partie du mauvais goût.

On soutire et on lave soigneusement le fût à la soude.

Pour certains auteurs, la plupart du reste, ce goût de terroir est comme une émanation du sol même où s'est développé le cépage. Une mauvaise vinification suffit à l'accentuer considérablement : fermentation à trop haute température, cuvaison trop prolongée, voilà les deux facteurs principaux.

M. Maumené attribuait certain goût de terroir à la présence de l'acide sulfureux. Le remède qu'il proposait et qui, dans certains cas, a fort bien

réussi, consistait à faire passer le vin sur un entonnoir de cuivre plaqué d'argent. Le soufre de
l'acide noircissait l'argent, et une fois disparu, le
prétendu goût de terroir, en particulier, le fameux
goût de pierre à fusil attribué à certains vins
blancs, n'existait plus.

Une pièce d'argent bien nettoyée, suspendue
dans le tonneau, aurait donné le même résultat.

3° **Verdeur, âpreté.** — Cette dureté du vin peut
provenir ou d'un excès de tannin, ou d'un excès
d'acidité.

On peut remédier à l'excès d'acidité en ajoutant
au vin du *tartrate neutre de potasse* à la dose de 100 à
200 grammes, préalablement dissous dans 200 à
500 centimètres cubes de vin. On fera cette addition en plusieurs fois, et après chaque addition,
on laissera reposer, et la *dégustation* apprendra s'il
faut ou non renouveler l'addition première.

Si l'âpreté est due à l'excès de tannin, un bon
collage y remédiera.

L'analyse accompagnée de la dégustation avertira
de la cause d'excès d'acidité ou de tannin à laquelle
on doit attribuer cette verdeur, et par conséquent
du traitement à adopter, ainsi que de l'importance
de ce traitement. Certes, les dosages chimiques ont
leur importance, mais la dégustation a bien la
sienne, car après tout, ce qu'il s'agit d'obtenir,
c'est moins un produit exactement dosé que de saveur agréable.

4° **Goût de moisi.** — Ce goût résulte de la présence de moisissures sur ou dans les parois de la
futaille. Le goût ne fait que s'accentuer avec le

séjour du vin en fût. Il faut donc immédiatement transvaser le vin dans un tonneau propre, coller et lorsque le liquide est clarifié, on verse 500 grammes d'huile d'olive par barrique, on bat chaque jour, pendant une huitaine, avec le fouet à coller. Le goût de moisi, s'il n'est pas trop prononcé, disparait ainsi, mais avec lui une partie du bouquet du vin. L'huile monte à la surface et on sépare par soutirage le vin de l'huile.

CHAPITRE XVII

Vinification des Vins blancs.

Si l'on sépare aussitôt après la vendange le moût de la grappe des raisins blancs ou des raisins rouges, on obtient un jus à peu près incolore qui, après fermentation, donne du vin blanc.

Que le vin blanc soit fait avec des raisins blancs ou avec des raisins rouges, le résultat est le même. On réserve cependant le nom de vinification en blanc à la préparation du vin blanc, à l'aide de raisins rouges à jus blancs.

La vinification en blanc a pris depuis quelques années, en particulier dans le Midi, une importance considérable.

Marche de la fermentation des vins blancs. — La fermentation du moût en l'absence des éléments solides du raisin est d'une grande lenteur. La température du moût s'élève peu. La perte en alcool et en principe éthérés, éléments essentiels du parfum des vins, est par conséquent très faible. Aussi, toutes les conditions étant les mêmes, le vin blanc est un peu plus alcoolique, et notablement plus bouqueté que le rouge. N'ayant pas fermenté au contact de la rafle des pépins et des pellicules, il est aussi plus pauvre en éléments astringents.

Conditions de la vinification des vins blancs. — La première est d'avoir un matériel de cave et de cellier et surtout de tonneaux exclusivement réservé aux vins blancs. Quant aux instruments ou récipients qui, faute de mieux, doivent servir aux vins rouges et aux vins blancs, ils devront être minutieusement nettoyés, jusqu'à disparition de toute trace de matière colorante.

Les raisins devront être cueillis à parfaite maturité, on devra séparer les grains atteints par la pourriture ou éclatés. Enfin, le transport du raisin, sa cueillette, toute la manipulation devront, surtout s'il s'agit de raisins rouges, être faits avec les plus grands soins et le plus rapidement possible.

Les procédés d'extraction du jus blanc varient considérablement avec les régions et surtout avec la quantité de raisins à traiter. Dans les petites exploitations, on se contente parfois de porter immédiatement au pressoir les raisins, de presser faiblement et de s'arrêter bien avant qu'apparaisse la coloration du moût. Le reste est alors versé dans la cuve et vinifié en rouge par les procédés ordinaires.

Parfois encore, comme dans la Loire, où on cultive assez peu de vignes à raisins blancs, on se contente de vendanger les raisins rouges comme à l'ordinaire et de soutirer immédiatement après la mise en cuve une partie du moût, que l'on met à fermenter séparément.

On obtient ainsi une assez faible quantité de vin blanc, 20 à 25 ⁰/₀ de la récolte, mais d'un vin notablement supérieur à la moyenne de la vendange, car ce sont évidemment les grains les plus mûrs, les plus sucrés, qui ont fourni ce premier moût. D'une façon générale, on peut distinguer quatre temps dans la préparation des vins blancs.

On procède d'abord au *foulage* et au *broyage* de la vendange, soit aux pieds, soit à l'aide de fouloirs mécaniques spéciaux. Ici, en particulier, plus encore que dans la vinification en rouge, de nombreux auteurs conseillent l'égrappage. Les fouloirs-égrappoirs sont alors tout désignés pour cet usage. Dans le broyage il faut éviter, en rapprochant trop les cylindres, d'écraser les pépins et de broyer les rafles.

L'égouttage constitue le deuxième temps de la fabrication des vins blancs : le broyage ou foulage en étant le premier.

Il a pour but de séparer du marc le liquide qu'il retient et dont le contact prolongé entrainerait la coloration. Le marc est alors laissé à égoutter pendant quelque temps dans des récipients particuliers appelés *cuves égouttoirs*, munies à cet effet d'un plancher à claire-voie laissant écouler le jus et retenant le marc. Ces cuves doivent avoir toujours leur robinet ouvert pour permettre au liquide de s'écouler au fur et à mesure qu'il se sépare du marc et empêcher un contact un peu prolongé avec lui.

Pressurage. — Les marcs égouttés ou non sont portés au pressoir. On les comprime lentement, puis on les travaille sans discontinuité, en les recoupant toutes les fois que la pression ne donne plus de jus en quantité suffisante. Il semble même préférable de remplacer la taille par le remaniement du marc à la fourche. Les pressoirs à vin blanc doivent toujours être garnis de claies de fond présentant une grande surface d'égouttement et de claies latérales pour maintenir la pulpe sans consistance, que l'on doit comprimer avec précaution. Ils doivent être, autant que possible, à large surface et à pression rapide.

Le moût qui s'écoule du pressoir est d'abord incolore, puis peu à peu se teinte de rose et la coloration augmente bientôt rapidement. On mettra à part ce jus rosé et on le décolorera avant de le mélanger au vin de goutte obtenu par l'égouttage du marc.

Certains appareils permettent d'effectuer d'un seul coup cette triple opération du foulage, égouttage et pressurage. Comme il est de première importance pour la non-coloration du moût, que celui-ci ne séjourne que le moins de temps possible au contact de la grappe, ces appareils seraient de tous points recommandables, n'étaient leur prix élevé bien souvent et surtout la fragilité de leurs organes, assez compliqués et de réparation difficile.

Un des types les plus intéressants est le fouloir Masson, de Lyon.

La vendange passe entre deux paires de tambours cannelés suivant leurs génératrices, et tournant en sens contraire. On peut régler l'écartement des tambours : une trémie, placée à la partie supérieure de l'appareil, reçoit la vendange. Elle est broyée entre les deux premiers cylindres, puis entre les deux autres. Les raisins broyés, laminés, tombent avec le moût sur une table inclinée, en tôle perforée, longue de 1^{m}30, sur laquelle ils sont transportés, jusqu'à l'extrémité inférieure, à l'aide de petites palettes en bois, fixées transversalement sur deux chaînes sans fin mobiles le long de cette table. Pendant ce trajet, les grappes s'égouttent, le liquide passe à travers les orifices de

la tôle et s'écoule en dessous. La rafle et la pulpe
sont recueillies au bout de la table. Un autre appareil, non moins recommandable, est la turbine

Fig. 42. — PRESSE CONTINUE MABILLE.

aérofoulante de l'ingénieur Paul, employée dans les celliers de la compagnie du Midi. On obtient ici le broyage des raisins par la violence avec laquelle ils sont projetés, chassés par la force centrifuge contre les parois résistantes de la turbine. Le jus s'écoule par des orifices pratiqués dans la paroi, en une sorte de bouillie épaisse que l'on fait ensuite égoutter.

La figure ci-dessus représente la presse continue Mabille, construite surtout pour l'extraction des jus blancs des raisins rouges. L'hélice de cette presse est émaillée, ce qui évite le noircissement des jus qui se produit au contact du fer ou de la

Fig. 43. — Fouloir-Pressoir Satre.

fonte. Deux goulots reçoivent le jus, l'un de l'égout-
toir, provenant du foulement des raisins, l'autre
du cylindre de compression. Un registre placé
entre eux permet la séparation des jus clairs de
ceux qui sont colorés (fig. 42).

L'appareil Sàtre, déjà décrit plus haut, permet
aussi d'extraire les jus blancs des raisins rouges.
Trois goulots déversent, le premier, les jus provenant du foulage, le second, ceux du pressurage, le
troisième, ceux venus de la chambre de compression. On peut ainsi séparer facilement les jus
colorés des autres (fig. 43).

Décoloration. — Quels que soient les soins apportés, le moût est souvent légèrement coloré, alors
même que les cépages employés sont blancs, car
dans toutes les vignes on trouve toujours quelques
cépages gris ou rouges disséminés au milieu des
blancs.

Enfin même avec des raisins blancs, lorsqu'on
laisse de la vendange écrasée en tas, soit pour
l'égoutter, soit pour la comprimer, il se produit
un commencement de fermentation, qui entraîne
une coloration des vins, d'abord faible, mais allant
en s'accentuant.

S'il s'agit de raisins rouges, la coloration plus ou
moins rosée du moût extrait du pressoir est iné-
vitable, surtout pour les dernières parties. Il faut
donc les décolorer avant de les mélanger aux jus
du foulage et du premier jet.

1° *Décoloration par l'acide sulfureux.* — Comme
agent décolorant, le plus employé est certainement
l'acide sulfureux.

On évalue à 0^{gr}3 la quantité d'acide sulfureux par
litre suffisant non-seulement à décolorer, mais à sus-

pendre la fermentation, et à 0ᵍʳ1 la quantité suffisant à décolorer les moûts, et à suspendre la fermentation pendant environ 24 heures, temps suffisant pour le *débourbage*.

Pour décolorer les moûts rosés, on les fait passer dans des futailles fortement méchées. L'inconvénient de ce mode opératoire est qu'il ne permet pas de régler l'intensité du soufrage. On peut encore faire arriver dans le tonneau ou le foudre bien méchés le liquide à décolorer, par une pomme d'arrosoir ajoutée à l'extrémité du tuyau de refoulement de la pompe. Le vin tombe en pluie fine et se décolore beaucoup plus facilement. La pomme est sphérique, percée de trous et démontable en deux parties demi-sphériques, qui s'ajustent par un pas de vis, ce qui en permet le nettoyage. Dans le méchage du tonneau ou foudre, il est préférable de brûler du soufre dans un petit pot de terre allant au feu, plutôt que de le mécher. Mais le meilleur moyen d'opérer le blanchissage du moût est d'employer une *muleuse*, que chacun peut construire ou faire construire sans grands frais. (Voir page 133).

Si, après une première opération, le moût n'est pas suffisamment blanchi, on n'a qu'à le repasser une seconde fois et jusqu'à complète décoloration.

On peut encore employer les bisulfites : en particulier le bisulfite de potasse cristallisé. Son seul défaut est d'être assez cher : jusqu'à 12 et 15 francs le kilo. Il est vrai qu'il en faut fort peu : 12 à 15 grammes par hectolitre au maximum.

La pratique générale est de blanchir les moûts dès leur séparation des parties solides de la vendange. M. Coste-Floret, dans son intéressant

Traité de vinification des vins blancs, trouve préférable d'opérer en deux temps le soufrage.

En opérant avant la fermentation, on s'expose d'abord à charger le moût d'acide sulfureux en proportion trop considérable, ce qui peut retarder considérablement la fermentation. Puis, les gaz de la fermentation entraînant avec eux l'acide sulfureux, la coloration réapparaît, car on sait que ce gaz ne fait que masquer la matière colorante et ne la détruit pas ; d'où une dépense inutile ou exagérée de soufre. La raison principale de cette pratique du soufrage avant la fermentation, est qu'il en résulte un mutage suffisant pour permettre au débourbage de s'effectuer complètement. Or, comme 24 heures suffisent au débourbage, il n'est utile de retarder que de 24 heures seulement cette fermentation. La combustion de 1 kil. de soufre par foudre de 200 hectolitres suffit amplement à ce résultat et ce mutage est assez léger pour qu'après soutirage, l'aération aidant, la fermentation se déclare aussitôt. Le vin obtenu est bien un peu rosé, il suffit de le passer alors à la muteuse jusqu'à décoloration, dès que la fermentation a cessé, mais avant qu'il ne soit devenu limpide. Pour cela, on ne fait passer à la muteuse qu'une quantité restreinte du vin du foudre, que la pompe y renvoie après saturation par le gaz sulfureux. On arrête la circulation, dès que la décoloration du liquide est suffisante.

On a aussi proposé le kaolin pour décolorer les moûts. Celui-ci agit surtout mécaniquement en précipitant les matières colorantes non dissoutes et en simple suspension dans le liquide. Il se produit là une sorte de débourbage plus parfait que par le simple repos. Son alumine contribue aussi d'ailleurs à précipiter la matière colorante. Toutefois il est insuffisant et si on s'en sert à haute dose, il pourrait saturer l'acidité naturelle du moût. Il ne faudrait pas dépasser 200 grammes par hectolitre de moût.

2° *Décoloration par le noir animal.* — Le noir animal est plus énergique. On n'emploiera que du noir de très bonne qualité, bien lavé à l'acide chlorhydrique, afin qu'il ne renferme plus ou presque plus de phosphates et même calciné pour le débarrasser de toute matière organique putrescible. On recherchera, à l'aide d'essais préalables, la dose nécessaire, afin de verser le moins possible de cet agent de décoloration dans le moût, dont il sature toujours un peu l'acidité. On aura soin d'agiter vigoureusement le moût pendant l'opération et de remonter parfois l'acidité à l'aide d'acide tartrique. Un collage est ensuite indispensable pour précipiter les particules les plus légères. Un excellent moyen, plus simple que tous les précédents, repose sur l'oxydation énergique qui se produit dans le moût au contact de l'air.

3° *Décoloration par simple aération.* — Il a été démontré que le grain du raisin, notamment autour des pépins, et surtout la grappe, renfermaient dans leurs tissus fibrovasculaires, une substance nommée *oxydase*, qui a pour propriété de fixer l'oxygène de l'air sur les éléments les plus oxydables du milieu dans lequel elle se trouve et en particulier sur la matière colorante du vin, qu'elle décompose et précipite. La coloration n'est donc plus masquée comme avec le gaz sulfureux, mais détruite. Cette substance n'existe pas dans les

cellules mêmes du grain ; en effet, les premières
gouttes de jus limpide qu'on obtient en pressant un
grain de raisin entre ses doigts n'en contiennent
pas ou presque pas. Les dernières provenant de la
pulpe, comprimée et broyée, en contiennent beaucoup, au contraire. Un vin *fortement foulé* contiendra donc plus d'oxydase qu'un vin dont le foulage a été léger. C'est précisément cette oxydase
qui est la cause d'un certain nombre de cas de
casse : de la casse brune ou diastasique.

Il suffit donc de pratiquer l'aération du moût en
y faisant barboter de l'air, pour obtenir sa complète décoloration. La quantité d'air nécessaire
pour cela n'est pas très grande, un tiers environ
du volume du moût. Lorsque cette proportion est
dépassée, le liquide décoloré passe à la teinte
paille, puis au jaune franc.

On a même basé sur ce procédé de décoloration
un procédé très simple de vinification en blanc,
qui ne réclame aucun outillage spécial et ne laisse
pas de résidus plus ou moins inutilisables. Nous
en avons, du reste, déjà dit un mot au début de ce
chapitre. Il consiste à laisser ouvert le robinet du
foudre pendant qu'on le remplit de vendange foulée. En ne retirant par ce robinet que le tiers ou le
quart de la quantité totale du moût de chaque
foudre, on pourra toujours utiliser le reste, en rem-
plissant le foudre de vendange fraîche, laquelle
fournira du vin rouge ordinaire.

On fait ensuite couler ce moût dans une comporte, après lui avoir fait traverser un tamis qui
retient les pellicules et les pépins. Une pompe
aspirante et foulante plonge dans cette comporte
et envoie le moût dans le foudre à fermentation

que l'on a eu soin de débarrasser préalablement de toute trace d'acide sulfureux. L'aération destinée à oxyder la matière colorante se fera par la pompe elle-même. Il suffit en effet de régler le robinet du premier foudre où l'on soutire le moût de façon à ce que la crépine d'aspiration *ne plonge pas entièrement* dans le moût. La pompe aspirera donc de l'air avec le moût et, dans la manche de refoulement qui conduit le liquide en haut du second foudre, l'air, qui tend toujours à monter, barbotera au milieu du moût. Avec une manche dont la longueur mesurerait de 10 à 25 mètres, on serait absolument certain d'obtenir une décoloration suffisante.

Le même traitement serait applicable, après débourbage, au jus extrait du pressoir et mêlé à celui écoulé des raisins foulés et égouttés sur une claie.

Débourbage. — Les jus provenant du foulage et de l'égouttage des marcs, ceux du pressoir au besoin décolorés, sont mis *ensemble* dans une cuve dite de *débourbage.* Les derniers jus apportent aux premiers provenant du foulage et de l'égouttage le tannin qui leur manque. Dans les régions chaudes, il faut, pour retarder la fermentation durant le débourbage, pratiquer un léger mutage, inutile dans les régions plus froides.

Ce liquide laisse déposer au fond de la cuve, où on l'a reçue, une sorte de boue, où abondent les débris de peaux entraînés. Après un repos de 24 heures, on soutire et on entonne après passage sur un tamis, où les derniers débris se trouvent arrêtés. Ce tamis a encore l'avantage de diviser la colonne de liquide, de l'étaler, d'augmenter la surface d'action de l'air, ce qui contribue à enlever le gaz sulfureux en dissolution et à oxyder la matière colorante.

Fermentation. — La fermentation des jus blancs est plus longue à commencer et se prolonge plus longtemps que celle des jus rouges. La température s'élève beaucoup moins, au point qu'on a pu caractériser les vins blancs par cette désignation : de *vins à basse fermentation*.

C'est ainsi que, tandis que les vins rouges accomplissent, durant les bonnes années, tout le cycle de leur fermentation en trois à huit jours, les vins blancs, au contraire, mettent quinze jours et même trois semaines ou plus.

Il sera ici, comme avec les moûts de vins rouges, indispensable de mesurer la richesse saccharine et acide du moût blanc et l'on procédera, s'il le faut et dans les mêmes conditions, à l'addition soit de sucre, soit d'acide tartrique, suivant composition du moût.

Certains auteurs, le Dr Guyot entre autres, attachent non sans raison une importance considérable à ce que les jus blancs soient logés dans des futailles de petites dimensions, soit de 2 à 5 hectolitres. La fermentation est plus lente, plus régulière, la température ne s'élève pas comme dans les grands foudres ; et l'on sait que cette élévation de température entraîne une perte notable en alcool et une diminution du bouquet du vin.

On laisse dans les tonneaux, qui en Bourgogne sont généralement des fûts de deux hectolitres, un vide d'un dixième environ, pour éviter les pertes par le départ de l'écume. Lorsque la fermentation active est terminée, les tonneaux sont ouillés et placés en cave, où elle se complète lentement.

Ici encore, l'emploi des levures sélectionnées est très recommandable, en raison même de la lenteur que met la fermentation à se déclarer dans la masse.

Cette lenteur est due en partie au commencement de mutage, que l'on a fait subir au moût, pour en permettre le débourbage et en partie aussi à la rareté des levures dans ce moût, qui n'est en contact ni avec la pellicule, ni avec la rafle du raisin.

On procédera donc, si le moût a été muté, à une série de soutirages à l'air, qui faciliteront l'aération du liquide et le départ du gaz sulfureux, et on ensemencera le moût avec un pied de cuve ou avec un levain de levures sélectionnées préparé d'avance.

Enfin, dans les régions tempérées ou froides, pour activer la fin de la fermentation, il faudra bonder les fûts chaque deux jours et les rouler trois ou quatre fois, puis les débonder aussitôt après. Le tout, sous peine de faire exploser le fût, ne doit durer que trois ou quatre minutes. Le roulage des fûts amènera un brassage parfait du moût et activera l'achèvement de la fermentation. Si le vin est en grand foudre et que, par suite du froid, la fermentation languisse, on brassera la masse avec une perche de bois.

Les vins rosés, vins gris sont, eux aussi, depuis quelque temps, très à la mode.

VINS ROSÉS.

Ces vins prennent naissance dans la cuve après vingt-quatre heures ou quarante-huit heures de fermentation, sans qu'il soit nécessaire de modifier autrement les principes ordinaires de vinification.

Le raisin vendangé, foulé et plus ou moins égrappé est mis en cuve, la fermentation se développe, et au moment où toute la cuve est franchement en ébullition, on procède rapidement au décuvage. Déjà une certaine partie de la matière colorante du raisin a été dissoute, mais en proportion très faible : le liquide n'a qu'une teinte d'un rose léger.

Vingt-quatre heures de fermentation peuvent ne pas suffire, surtout si on n'a pas ajouté de levure dans le vin pour faire disparaître tout ou la plus grande partie du sucre. Quarante-huit heures sont souvent trop et le liquide est fortement coloré. Le vrai moment du tirage indiqué par la dégustation est celui où le vin donne les mêmes sensations que donnerait un punch léger, c'est-à-dire une proportion de principes sucrés et de principes spiritueux dont l'ensemble plait au palais. Le vin une fois tiré, le marc est soumis à la pression comme d'habitude, et on mélange le vin de goutte au vin de presse. Lorsque le vin rosé est tiré, on peut ou bien le laisser achever sa fermentation et devenir complètement sec, ou bien, si on désire qu'il garde une certaine douceur, le muter en conséquence.

VINS GRIS.

Ces vins ressemblent par leur préparation à des vins blancs de raisins rouges, dans lesquels, au lieu de prendre la précaution au pressurage de ne pas laisser couler le jus coloré, on serre davantage au contraire, afin que le moût prenne une teinte franchement rose. Le jus ainsi extrait n'a pas séjourné en cuve. Il est immédiatement entonné dans des barriques où il achève sa fermentation.

Les vins ainsi préparés sont secs, ils ont de la vivacité et une grande fraîcheur, mais moins de corps que les vins de vingt-quatre heures qui ont fermenté en présence de la grappe et lui ont emprunté une partie de ses principes tanniques.

Ces vins doivent avoir une couleur rose vif sans aucun mélange de jaune. Pour éviter le jaunissement qui les atteint assez fréquemment, on laisse le moût le moins longtemps possible à l'air, et l'on ajoute un peu de bisulfite pour tuer l'oxydase, c'est-à-dire ce principe décolorant contenu dans le grain du raisin.

CHAPITRE XVIII

Analyse des Vins.

Huit dosages ou déterminations principales doivent pouvoir être exécutés par tous ceux qui ont à s'occuper des vins, dosages d'ailleurs peu compliqués et ne nécessitant qu'un petit matériel assez sommaire.

Ces recherches ont pour but : 1° dosage de l'alcool; 2° dosage de l'acidité totale; 3° dosage de l'extrait sec; 4° dosage du plâtre; 5° dosage du tannin; 6° dosage du sucre; 7° détermination du vinage et du mouillage; 8° détermination de l'intensité colorante.

Nous donnerons tout d'abord, pour servir de comparaison, dans les tableaux ci-dessous, la composition des vins les plus connus.

En règle générale, on peut dire que la moyenne des vins consommés dans les grandes villes possède la teneur suivante :

En alcool ......   8 à 12 degrés au plus.
En extrait sec ..   17 à 26 grammes.
En acidité .....   5 à 6 grammes.

VINS DE BOURGOGNE.

ORIGINE DES VINS	ALCOOL	EXTRAIT SEC
Moyenne des grands crûs..........	11.3	21.0
Beaune	9.3	21.7
Musigny	9.4	20.3
Pommard......................	11.9	21.6
Corton	11.2	23.8
Gevrey-Chambertin.............	11.5	23.3
Bourgogne blanc : moyenne.......	9.2	17.2
Nuits	11.8	21.3
Bourgogne ordinaire ..:..........	9.5	15.9
— —	9.1	18.9
Haute Bourgogne	9.5	15.9
— --	9.1	20.5
Basse Bourgogne...............	7.8	20.2
Chablis (blanc)................	10.5	20.0

VINS DE BORDEAUX.

ORIGINE DES VINS	ALCOOL	EXTRAIT SEC
Moyenne des grands crûs.........	9.2	16.24
Autre moyenne...................	10.4	20.30
Château-Margaux	10.2	23.6
Saint-Estèphe...................	11.2	22.4
Saint-Emilion	11.4	20.4
Bordeaux supérieur.............	9.1	16.4
Bordeaux Médoc	10.3	19.0
Bordeaux ordinaire	9.07	20.7
-- ·	10.01	24.0
Bordeaux blanc.................	9.55	20.2

VINS DU MIDI.

ORIGINE DES VINS	ALCOOL	EXTRAIT SEC
Hérault.........................	9.7	19.2
Aude	10.1	21.3
Narbonne........................	12.0	21.2
Petit Narbonne (Aramon).........	7.8	17.0
Roussillon	10.5	21.7
Banyuls	17.0	
Collioure	16.7	

DIVERS AUTRES VINS FRANÇAIS.

ORIGINE DES VINS	ALCOOL	EXTRAIT SEC
Champagne mousseux	13.6	111.0
Moët	10.3	98.0
Carte blanche	11.2	130.4
Vins du Mâconnais	10.1	19.9
Vins du Beaujolais	9.5	23.3
Ermitage (rouge)	11.3	
Haute-Saône	8.1	18.4
Anjou	8.3	15.6
Allier	8.3	20.4
Touraine	10.2	23.5
Saumur	8.5	21.7
Puy-de-Dôme	7.4	21.0
Cantal	7.5	18.5
Haute-Garonne	9.9	28.8
Grenache	10.3	22.3
Argenteuil	8.4	20.7
Marne (rouges)	11.5	24.1
Meuse	6.8	22.8
Savoie	5.3	17.7
Nîmes	9.5	19.2
Corse	12.0	24.5
Algérie	11.7	24.1
— Constantine	12.2	22.3
— Alger	10.9	21.5

1° Dosage de l'alcool.

Deux appareils permettent de déterminer la quantité d'alcool contenue dans les vins, ce sont : 1° l'alambic Salleron; 2° l'ébulliomètre Salleron ou l'ébullioscope Maligant.

1° *Alambic de Salleron.* Cet appareil, ajourd'hui répandu partout, se compose d'une chaudière chauffée par une lampe à alcool, et reliée par un tube de raccord à un serpentin placé dans un réfrigérant.

Dans le dosage, par distillation, on admet que le vin ne renferme, en fait de produits volatils, que de l'eau et de l'alcool. Ce dernier, distillant beaucoup plus facilement que l'eau, il en résulte que, lorsqu'on a distillé jusqu'à moitié un certain volume de vin même des plus alcooliques, tout l'alcool qu'il contenait a passé dans les produits de la distillation, et le liquide ainsi obtenu ne se compose donc que d'eau et de la totalité de l'alcool. On évalue alors à l'aide d'un alcoomètre la richesse alcoolique du mélange, richesse qui est évidemment double de celle du vin employé, puisque l'alcool primitivement contenu dans ce vin, se trouve maintenant contenu dans une quantité d'eau moitié moindre.

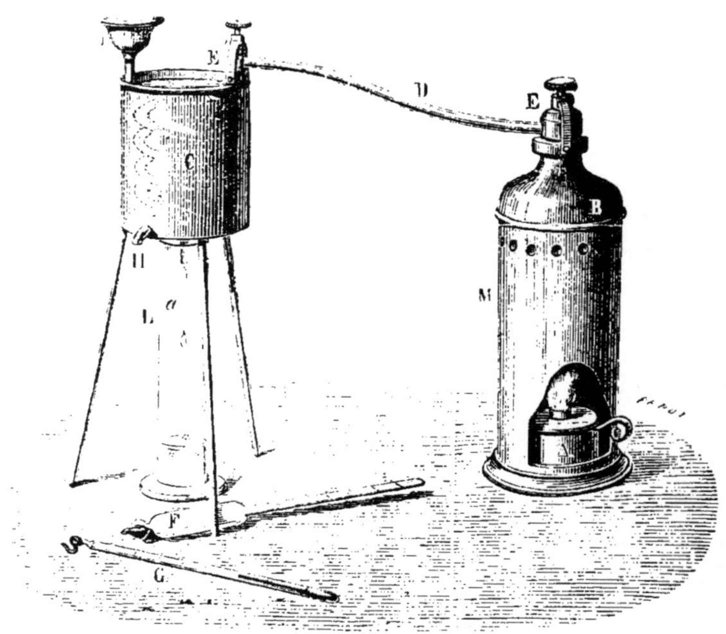

Fig. 44. — Alambic de J. Salleron, avec Chaudière en cuivre.

Voici maintenant, après l'exposé du principe, la marche à suivre dans cette opération.

Manière d'opérer. — L'appareil étant monté comme l'indique la figure 44, mesurer dans la burette *L* le liquide à distiller, à l'aide de la pipette, affleurer exactement le niveau au ras du trait supérieur. Verser le contenu dans la chaudière *B*, en laissant égoutter le plus possible, remplir une seconde fois la burette de la même manière, la verser ensuite dans la chaudière. Rincer la burette avec un peu d'eau qu'on ajoute aussi (cette petite quantité d'eau ne change, en aucune manière, la quantité d'alcool versée dans la chaudière, et contenue dans les deux éprouvettes mesurées).

Fermer la chaudière avec le tube de raccord *D*, au moyen des vis de serrage *E E*, verser de l'eau froide dans le réfrigérant *C*, mettre sous la chaudière la lampe *A* allumée, sans exagérer le chauffage ; la mèche de coton doit dépasser le porte-mèche de 4 à 5 millimètres environ.

Lorsqu'on opère sur des liquides susceptibles de produire de la mousse à l'ébullition (vin nouveau, cidre, bière, etc.), il est prudent, pour éviter les projections dans le serpentin d'ajouter dans la chaudière, avant de la fermer, une ou deux gouttes d'huile ou un petit morceau de suif, beurre ou graisse.

Le liquide entre en ébullition, la vapeur s'engage dans le serpentin, s'y condense et tombe dans la burette. On renouvelle de temps à autre l'eau du réfrigérant au moyen de l'entonnoir, l'eau chaude s'écoule par le tuyau de trop-plein *H*.

On distille jusqu'à ce que le liquide recueilli dans la burette atteigne le trait supérieur qui a servi, précédemment, à mesurer le produit à distiller. Comme il est absolument essentiel de ne pas dépasser ce trait, sans quoi l'opération serait faussée, nous conseillons d'arrêter la distillation à un centimètre environ au-dessous, et de compléter le volume avec de l'eau pure, jusqu'au trait gravé sur la burette. On agite pour bien mélanger, on laisse reposer quelques instants pour laisser disparaître les bulles d'air introduites par l'agitation, et on plonge l'alcoomètre et le thermomètre. La tige de l'alcoomètre doit être d'une extrême propreté ; une bonne précaution consiste à l'essuyer avec un linge propre ou un morceau de papier buvard imbibé d'alcool ou de lessive de soude.

On lit *au-dessous du ménisque*, c'est-à-dire au ras de la surface de l'eau. On reporte sur la table qui accompagne l'alambic les indications des deux instruments et, au croisement de deux lignes, on trouve la richesse alcoolique du liquide distillé, soit la quantité d'alcool pur qu'il renferme exprimée en centième de son volume. Mais il faut remarquer que tout l'alcool que contenaient les deux éprouvettes du liquide soumis à la distillation, est maintenant contenu dans un volume moitié moindre, c'est-à-dire dans une seule burette : la richesse trouvée est donc double de celle de l'échantillon soumis à l'analyse, il faut, par conséquent, prendre la moitié du résultat obtenu.

Exemple : L'alcoomètre marque 20 degrés, le thermomètre 19, la richesse alcoolique correspondante est 18,8 et celle du liquide essayé est la moitié de 18,8, soit 9,4.

Certains vins contiennent de l'acide acétique, autrement dit du vinaigre. Ce corps distille en partie en même temps que l'eau et l'alcool et peut fausser les résultats, du moins lorsqu'il est en assez grande abondance. On évite cet inconvénient en ajoutant au vin, *après l'avoir jaugé*, un peu de potasse ou de bicarbonate de soude. Il se forme par ce traitement des acétates qui sont incapables de distiller. On reconnaît la neutralisation du vin, par conséquent la fixation de l'acide acétique, à la teinte verte que prennent les vins rouges, et à la coloration rose qui se manifeste dans les vins blancs auxquels on a, au préalable, ajouté une goutte de solution alcoolique de phtaléine du phénol.

Il y a bien d'autres corps qui faussent les résultats trouvés : les éthers qui donnent aux vins leur bouquet, la glycérine, etc. Mais ce sont là des causes d'erreurs très légères et négligeables.

2° *Ebullioscopes et ébulliomètres.* Ces appareils ont pour but de déterminer la richesse alcoolique des vins, d'après le degré de température à laquelle ils entrent en ébullition.

Lorsque le baromètre marque la pression moyenne 760, l'eau pure bout à 100° et l'alcool pur absolu à 78° 4 10. Un mélange de ces deux liquides bout à une température comprise entre ces deux extrêmes et cette température se rapproche d'autant plus de 100° que l'eau entre en plus grande proportion dans le mélange. On peut donc construire une table qui indiquera le degré d'ébullition pour tous les mélanges entre 0° et 100° d'alcool et d'eau. La seule difficulté dans la construction d'un appareil de ce genre, consiste à noter exactement le point initial de l'ébullition, car, dès que celle-ci a commencé, le liquide perdant de l'alcool, on voit la température de l'ébullition s'élever constamment.

L'ébullioscope Salleron se compose d'une chau-

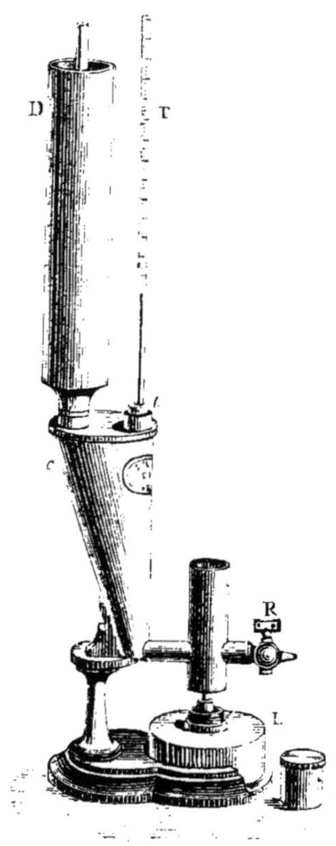

Fig. 45.
Ébullioscope Salleron
Nouveau modèle.

dière métallique, dans laquelle on verse le liquide soumis à l'expérience. Un condenseur renfermé dans un réfrigérant D qui surmonte la chaudière condense les vapeurs alcooliques qui tendent à s'échapper et maintient par conséquent, l'invariabilité de composition du mélange et, par suite, l'uniformité de la température de son ébullition.

Un thermomètre T, divisé en dixièmes de degrés, est fixé au moyen d'un bouchon de caoutchouc t dans la tubulure de la chaudière; son réservoir plonge au milieu du liquide, chauffé à l'aide d'une lampe à alcool.

Une échelle à coulisse, dite échelle ébulliométrique, permet de connaître la richesse alcoolique d'un liquide, dont la température d'ébullition est indiquée par le thermomètre.

Comme la pression barométrique est extrêmement variable et que cette pression fait varier sensiblement la température d'ébullition des liquides, il faut, chaque jour au moins une fois, avant de procéder aux expériences, déterminer la température de l'ébullition de l'eau. On verse dans la chaudière, par la petite tubulure t qui la surmonte, la *quantité d'eau pure* mesurée au moyen du tube de verre gradué livré avec l'appareil. On s'arrête à la division marquée 0, on ferme ensuite la tubulure à l'aide du bouchon en caoutchouc que traverse le thermomètre. On remplit la lampe *L* d'alcool, on allume et on la met à sa place. Après quelques minutes (3 environ), la colonne de mercure du thermomètre s'arrête. On attend quelques instants, jusqu'à ce que la vapeur s'échappe par la grande tubulure supérieure et on lit la division du thermomètre, où s'est arrêté le mercure. Supposons que cette température soit 100 degrés et un dixième. On prend alors l'échelle ébulliométrique, on desserre le petit écrou placé au dos de l'échelle, écrou qui maintient la réglette immobile. Faisant alors mouvoir cette réglette, on amène la division 100,1, température marquée par le thermomètre dans l'eau bouillante, devant la division 0 des deux échelles fixes. L'une d'elles, celle de droite, marquée *vin ordinaire*, porte les différentes richesses alcooliques évaluées en degrés et dixièmes de degrés. Celle de gauche, marquée Degrés Malligand, représente la richesse alcoolique évaluée en degrés de l'instrument de M. Malligand, le premier en date de tous les ébulliomètres.

Tout ceci étant prêt, on peut exécuter une série d'essais sur des vins en un temps relativement court (10 minutes environ par essai).

On fait écouler complètement l'eau contenue dans la chaudière, on la rince avec une petite quantité du vin à essayer qu'on expulse à son tour. On souffle par la tubulure supérieure pour chasser la vapeur d'eau qui la remplit et on introduit dans la chaudière une burette entière du vin à essayer, on ferme la petite tubulure à l'aide du bouchon portant le thermomètre; enfin on remplit d'eau le réfrigérant qui entoure la grande tubulure.

Il est de la plus grande importance d'expulser complètement de la chaudière les dernières traces du liquide qu'elle a contenu, les quelques gouttes qui mouillent ses parois et la vapeur qui la remplit, quand elle est chaude, peuvent occasionner des erreurs s'élevant à 0°,2. Le plus sûr est de laisser refroidir complètement la chaudière avant de recommencer une nouvelle expérience.

On allume la lampe à alcool; après 4 minutes environ, la colonne de mercure du thermomètre apparait au-dessus du bouchon. Elle s'élève rapidement d'abord, puis plus lentement et enfin s'arrête. On attend quelques instants pour être certain de l'immobilité du mercure et on lit la division qui se trouve en face de son extrémité. Supposons que ce soit 90°,7, on éteint la lampe, l'opération est terminée. On lit alors sur l'échelle ébulliométrique du côté droit portant l'inscription: vins ordinaires, la division qui se trouve en face de la température 90°7 de la réglette mobile portant *l'indication centigrade*. On trouve 13,4, ce qui veut dire que le vin essayé contient 13,4 °/₀ d'alcool pur évalué en degrés de l'alcoomètre légal.

Dosage de l'acidité totale.

Nous avons donné précédemment le mode de dosage de l'acidité totale dans un moût; le mode opératoire avec le vin rouge n'en diffère que parce que c'est la matière colorante du vin elle-même qui sert de réactif. Dans les moûts et les vins blancs, au contraire, il est nécessaire d'ajouter une goutte de solution de phtaléine du phénol. Cette goutte ne donne, il est vrai, aucune coloration, tant que l'acidité du liquide n'a pas été saturée par la liqueur titrée acidimétrique. C'est même l'instant où cette coloration rose apparaît et *persiste* malgré l'agitation du liquide, qui marque la fin de l'opération.

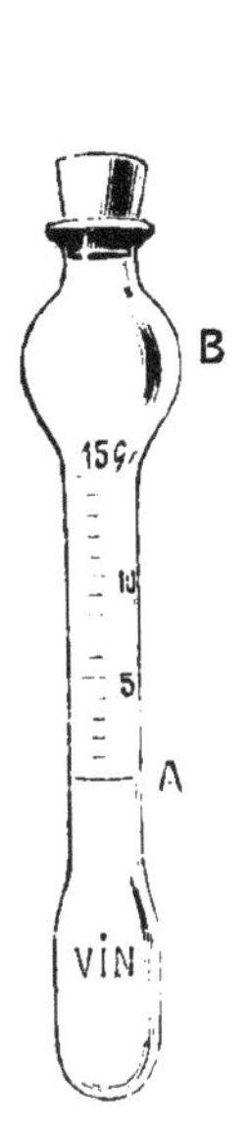

Fig. 46.

TUBE ACIDIMÉTRIQUE
DUJARDIN.

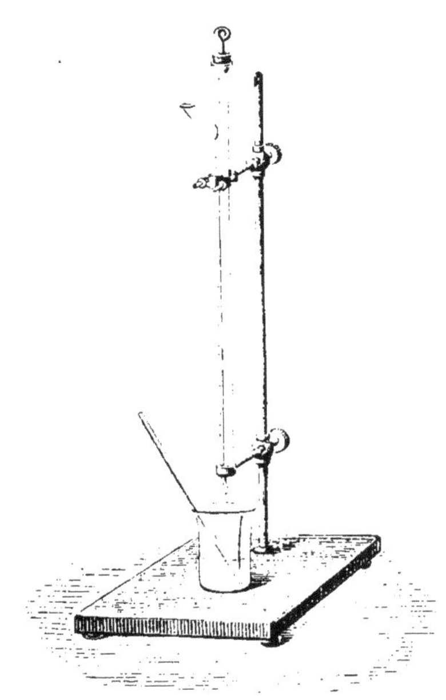

Fig. 47.

APPAREIL ACIDIMÉTRIQUE
composé d'une burette graduée
avec support,
verre de bohême et agitateur.

S'il s'agit de vin rouge, on commencera comme pour le moût et le vin blanc, par chasser tout l'acide carbonique qu'il contient par quelques minutes d'ébullition et on laissera refroidir. On opère toujours sur 10 centimètres cubes de vin, et on verse ensuite goutte à goutte une liqueur titrée acidimétrique, contenue dans une burette graduée en dixièmes de centimètres cubes. Cette liqueur est titrée de telle façon, qu'un centimètre cube correspond à un gramme d'acide sulfurique par litre, quand on opère sur un échantillon de 10 centimètres cubes. Chaque goutte, en tombant, produit dans le vin une tache verte. On agite et la tache disparaît. Mais, peu à peu, la couleur se fonce, elle devient violette, puis violet sale avec des reflets rouges, puis verdâtres. On voit bien ces couleurs en regardant le liquide dans le vase au-dessus d'une feuille de papier blanc. Lorsque toute teinte rouge a disparu, l'opération est terminée. On lit alors sur la burette la quantité de liqueur employée. Soit par exemple 4°°3, on en conclut que l'acidité totale du vin est de 4 gr. 3, c'est-à-dire que dans un litre de ce vin, il y a une somme d'acides divers qui équivaut à 4 gr. 3 d'acide sulfurique.

Dosage de l'extrait sec.

L'extrait sec est le résidu de l'évaporation des matières volatiles du vin (éther, alcool, eau). L'extrait sec peut s'obtenir, soit par évaporation dans le vide, soit par évaporation à 100 degrés à l'air libre. On peut encore employer un instrument spécial, dit œnobaromètre Houdart.

Dans les opérations commerciales, on se contente de l'extrait sec à 100 degrés, ou des résultats fournis par l'œnobaromètre.

Extrait sec à 100 degrés.

On verse dans une capsule 10 centimètres cubes

de vin et l'on porte cette capsule soit dans une étuve maintenue à 100 degrés, soit sur un bain-marie à l'eau bouillante, le tout pendant 8 heures.

Fig. 48.

Bain-marie, pour doser par évaporation l'extrait sec du vin.

On laisse refroidir la capsule et son contenu en présence d'une substance avide d'humidité, par exemple sous une cloche à côté d'un bain d'acide sulfurique, on pèse le résidu. Il varie, suivant les vins, entre 12 et 25 grammes par litre.

Œnobaromètre Houdart.

Cet instrument permet d'obtenir très rapidement des résultats presque aussi exacts. Il repose sur ce principe que la densité de la solution d'une substance plus lourde que l'eau est d'autant plus élevée que cette solution en renferme une plus forte proportion. On connait, d'autre part, la densité des différents mélanges d'alcool et d'eau. Si donc, dans un mélange contenant de l'alcool, de l'eau et un sel soluble quelconque, on connait la proportion d'alcool, on pourra, en mesurant la densité du mélange, évaluer la proportion du sel dissous.

Si, au lieu d'un sel on a affaire, ce qui est le cas pour le vin, à un mélange plus ou moins complexe de sel ou d'acide soluble, on pourra, si l'on connait les densités de ces substances et la proportion d'alcool en dissolution, connaitre, en mesurant la densité du mélange, les proportions des sels en dissolution. On verse donc dans une éprouvette une quantité quelconque de vin et on y plonge l'œnobaromètre. Contrairement à ce qui se fait pour tous les autres instruments, on lit sur la gra-

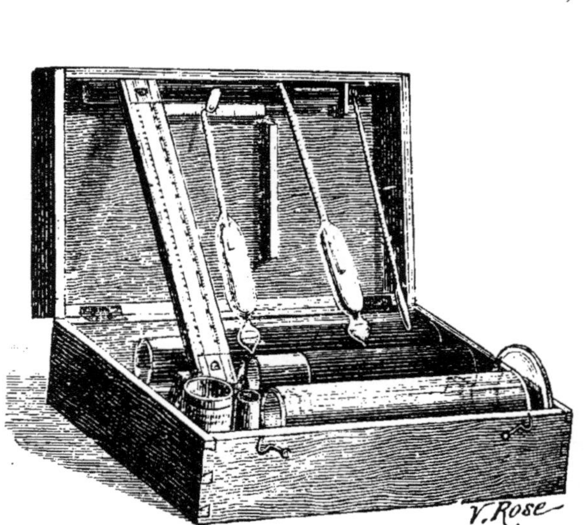

Fig. 49. — Œnobaromètre de Houdart
pour le dosage de l'extrait sec dans les vins.

Fig. 50. — Échelle œnobarométrique
pour le calcul de la richesse en extrait sec du vin.

duation au *point le plus haut* où arrive le liquide ;
la graduation a été ainsi établie parce que la couleur rouge du vin ne permettrait pas de lire
au-dessous du ménisque. Soit, par exemple, la
graduation de 13,4 où affleure le liquide. On remplace l'œnobaromètre par un thermomètre, la température marquée est de 17°5. D'autre part, nous
avons opéré un dosage d'alcool qui nous a donné
9'2. Il est nécessaire maintenant de consulter les
tableaux ou la règle à coulisse qui accompagnent
l'œnobaromètre. Cette règle porte trois graduations,
celle de droite, l'appareil étant supposé debout,
représente les indications de l'instrument avec des
degrés divisés en cinq parties. Celle du milieu représente les richesses alcooliques en un cinquième
de degré ; la troisième, celle de gauche, indique
l'extrait sec en grammes et cinquièmes de grammes.

Supposons la richesse en alcool égale à 11,3, le
poids œnobarométrique égal à 9,8, on amène la
flèche tracée sur l'échelle du milieu en face du
chiffre œnobarométrique 9,8, puis on lit sur l'échelle
de gauche le chiffre placé devant 11.3 de la réglette
du milieu, on trouve ainsi 23,3 qui exprime en
grammes et fractions de grammes, la quantité
d'extrait sec du vin examiné.

Une précaution à prendre pour obtenir des indications exactes est de maintenir très propre et de
laver de temps en temps soit à l'alcool, soit avec
un peu de soude, la tige de l'œnobaromètre et de
l'essuyer avec du papier joseph.

On enfoncera doucement l'œnobaromètre de
quelques divisions au-dessous du point où on
pense qu'il affleurera. On le laisse remonter spon-
tanément et on lit le chiffre de la division où

affleure le bord supérieur du ménisque. On recommence plusieurs fois cette opération jusqu'à ce qu'on obtienne des indications concordantes.

Dosage du plâtre.

Autrefois, les vins du Midi recevaient tous, à la cuve, une forte proportion de plâtre, qui augmentait l'acidité et le brillant du vin. De cette addition résultait la formation d'un sel, le *sulfate de potasse*, dont l'absorption a sur l'organisme une influence fâcheuse. La loi a donc limité à 2 grammes par litre la dose tolérée de ce sel.

Or, les vins n'en contiennent naturellement que de 20 à 60 centigrammes. Mais les soufrages, les additions de bisulfite servant à décolorer ou à suspendre la fermentation introduisent également dans le vin une certaine quantité d'acide sulfurique, qui augmente les proportions de sulfate. Il est donc très important de connaitre la teneur d'un vin en ce sel.

On emploie pour cela la liqueur au chlorure de baryum de Marty, dont voici la composition.

On pèse 14^{gr}068 de chlorure de baryum pur cristallisé, préalablement réduit en poudre. On les introduit dans une carafe avec 50^{cc} d'acide chlorhydrique pur et une quantité d'eau *distillée* suffisante pour faire un litre de liquide à la température de 15°. 10 centimètres cubes de cette solution précipitent exactement 1 décigramme de sulfate de potasse.

On prélève ensuite à l'aide d'une pipette jaugée 50 centimètres cubes du vin à essayer que l'on met dans un ballon. On introduit dans une burette graduée une certaine quantité de la liqueur titrée et on en fait tomber quelques gouttes dans le ballon. Le vin se trouble, on fait bouillir et on verse sur un filtre. On essaie de nouveau le liquide filtré par quelques gouttes de la solution de baryte. Si le vin se trouble de nouveau, on reverse dans le filtre et on recommence jusqu'à ce que l'addition de réactif ne trouble plus le vin. A ce moment, le nombre de centimètres cubes de liqueur gypsométrique employés avant la dernière addition, indique le degré de plâtrage du vin.

Il suffit de multiplier le nombre de centimètres cubes employés par 0,2 pour avoir le nombre de grammes de sulfate de potasse par litre, en admettant, bien entendu, qu'on a opéré sur 50 centimètres cubes de liquide.

Si donc on a employé 8^{cc}4 de liqueur gypsométrique, c'est que le vin contient 1^{gr}68 de sulfate de potasse par litre.

Gypsomètre Salleron. — Ce gypsomètre (voir fig. 51) se compose d'un récipient R, fermé à sa partie inférieure par un petit filtre mobile. Ce filtre se détache du récipient au moyen de trois écrous l, ce qui facilite le remplacement des feuilles de papier qui le constituent. On place sous l'entonnoir E un petit verre conique V. La burette à robinet B, qui surmonte le récipient, est remplie jusqu'à la division O de la liqueur de chlorure de baryum titrée. Elle est divisée directement en *grammes* et en *décigrammes* de sulfates par litre. On verse dans le récipient R, 20 centimètres cubes du vin à essayer, mesurés entre les deux traits d'une pipette jaugée, on y ajoute environ 20 centimètres cubes d'eau distillée, qui peuvent être mesurés au moyen de la même pipette et on laisse filtrer : cette addition d'eau a pour but de diluer la couleur rouge parfois très intense du vin à essayer.

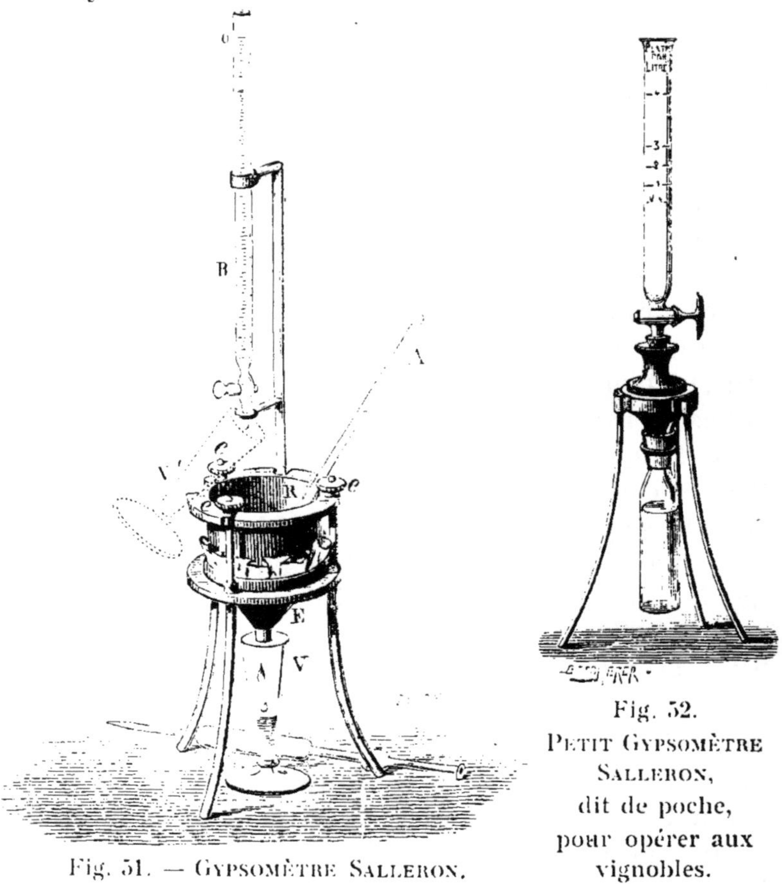

Fig. 51. — Gypsomètre Salleron.

Fig. 52.
Petit Gypsomètre Salleron,
dit de poche,
pour opérer aux vignobles.

On tourne le robinet de la burette et on fait couler, dans le récipient, un peu de liqueur titrée. Commençons, par exemple, par 0 gr. 5. On agite le mélange avec une baguette de verre. On verse dans le récipient *R*, l'eau rougie qui avait déjà été recueillie sous le filtre en mettant, à la place du

verre *V*, qui la contenait, un second verre semblable vide, afin que la totalité du vin ait subi
l'action du chlorure de baryum. Au moyen de deux
petits verres semblables, servant à tour de rôle
pendant qu'on traite leur contenu, on n'interrompt
point la filtration, et on ne perd aucune partie du
liquide.

Quand on a recueilli, dans le second verre *V*,
une quantité de liquide filtré et bien limpide suffisante (soit environ 15 ou 20 millimètres de hauteur), on substitue au verre *V* l'autre verre vide,
afin de ne pas laisser perdre de vin, et dans le
liquide filtré on laisse tomber, au moyen de la
burette à robinet, une ou deux gouttes de chlorure
de baryum. Si, après quelques instants, le vin se
trouble, c'est un signe qu'il contient encore du
sulfate de potasse ; on continue alors l'opération
en laissant couler, dans le récipient *R*, une nouvelle dose de liqueur titrée, disons jusqu'à la division 1 gramme ; on reverse dans le récipient le
liquide du premier essai, on lave le verre avec un
peu d'eau distillée, qu'on ajoute encore dans le
récipient *R* et l'on agite. Sur le produit d'une
nouvelle filtration, recueilli dans un nouveau
verre, dont les parois sont bien nettoyées au moyen
d'un goupillon, on vérifie de nouveau l'action
d'une goutte de liqueur titrée et, si le contenu du
petit verre *V* se trouble encore, on continue l'opération jusqu'à ce que le produit de la filtration ne
se trouble plus par l'addition d'une petite dose de
liqueur titrée. On lit alors la division de la burette
accusée par le niveau de la liqueur, et cette division représente le poids en grammes et décigrammes
des sulfates contenus dans un litre de vin.

Pour que le vin recueilli sous l'entonnoir *E* soit bien limpide, tout en filtrant rapidement, il faut serrer sous le récipient *R* deux feuilles de bon papier à filtrer blanc, et pour que le papier lui-même ne fausse pas le résultat de l'analyse, sa pâte doit être exempte de sels calcaires, et principalement de sulfate de chaux. Le papier dit de *Berzélius suédois* convient parfaitement.

Dosage du tannin.

Le tannin joue dans les vins un rôle extrèmement important. C'est l'élément clarifiant et conservateur par excellence du vin. C'est lui qui précipite les matières albuminoïdes, forme des lies qui entrainent avec elles une partie des éléments en suspension dans le vin, clarifiant ainsi d'une façon toute naturelle le liquide. Plus tard, ces albuminoïdes ayant disparu, on a soin, par le collage, d'en introduire d'autres, gélatine, blanc d'œuf, etc., qui, coagulés par le tannin, achèvent l'éclaircissement de la masse.

D'autre part, cette substance possède des propriétés antiseptiques, qui favorisent la conservation du liquide.

C'est même la pauvreté en tannin de certains vins, en particulier des vins blancs, qui les rend si difficiles à clarifier et si sujets aux diverses maladies, en particulier à la graisse.

La quantité *moyenne* contenue dans les vins est la suivante :

Vins rouges. Gironde. Médoc	....	3ᵍ60
— Graves	....	2 60
— Côtes	....	3 50

Vins rouges. Gironde. Palus.............. 3 60
              Algérie...................... 3 55
              Hérault..................... 2 10
              Espagne..................... 4 60
              Italie...................... 5 20
Vins blancs. Gironde..................... 0 55
              Cognac...................... 0 50
              Espagne..................... 8 60

Le dosage *exact* du tannin est chose très délicate, qui ne peut sortir de la pratique des laboratoires. On peut, cependant, par un procédé simple, savoir ce qui importe le plus à celui qui s'occupe des vins : maître de chai, viticulteur, négociant, c'est-à-dire si un vin pourra supporter un, deux ou trois collages, *sans addition de tannin.* Comme la dose moyenne de gélatine ou d'albumine à employer pour un collage est de 10 grammes par *hecto :* on prépare une solution de gélatine à 10 grammes par litre. Dans un litre du vin à essayer, on ajoute autant de fois 10ᶜᶜ de cette solution, que l'on compte exécuter de collages dans le vin. Soit, par exemple, deux collages : on ajoutera 20ᶜᶜ. On agite fortement et, au bout de cinquante minutes, on filtre en remettant dans le filtre les premières portions de liquide filtré.

Dans ce liquide filtré et limpide, on verse ensuite quelques gouttes d'une solution alcoolique de tannin filtrée. Si le vin reste limpide, c'est qu'il contenait assez de tannin pour coaguler toute la gélatine, donc il peut supporter les deux collages. S'il se trouble, c'est qu'une partie de la gélatine a échappé à la coagulation, faute de tannin en quantité suffisante : on refait l'essai avec 1ᶜᶜ de la solution de gélatine, puis avec 10ᶜᶜ et l'on sait, dès lors, quelle est la proportion de colle que le vin peut supporter et la quantité de tannin qu'il faut lui ajouter : calculer, comme nous l'avons dit plus haut, à raison de 10 grammes de tannin par 10 grammes de gélatine ou d'albumine, proportion habituellement employée pour le collage d'un hectolitre de vin.

On peut également, à l'aide de cette solution alcoolique du tannin, savoir si un vin est surcollé. Il suffit d'en verser quelques gouttes dans une petite quantité de vin ; si celui-ci se trouble, c'est qu'il y a surcollage, c'est-à-dire insuffisance de tannin pour précipiter les albuminoïdes en dissolution introduits par les précédents collages. On pourra donc, par des essais faits à l'aide de la solution alcoolique, déterminer la proportion nécessaire pour amener l'éclaircissement du liquide par précipitation de la gélatine ou de l'albumine en dissolution.

Dosage du sucre.

Nous avons précédemment indiqué, en parlant de l'amélioration de la vendange, comment on déterminait la richesse saccharine d'un moût incolore ou peu coloré.

Avec les vins blancs on opérerait de même ; mais, avec les vins rouges, il faut commencer par les décolorer à l'aide du noir animal.

On prend 50ᶜᶜ de vin, on y ajoute une petite quantité de noir, 5 à 6 grammes environ, on mélange bien et on filtre. Ce premier liquide filtré a abandonné une certaine quantité de sucre au noir, *on ne peut l'utiliser*, on le jette et on verse sur le noir ainsi saturé de sucre, une nouvelle quantité de vin qui ne perdra plus de sucre. On prélève alors, à l'aide d'une pipette graduée, 10ᶜᶜ de liqueur de Fehling, et on les verse dans un tube à essai, un ballon ou une capsule en porcelaine. Le tube à essai et le ballon permettent plus facilement de juger de la décoloration. On y ajoute un volume à peu près égal d'eau et un gramme environ de sulfate de baryte, et on fait bouillir après avoir fait couler de la burette graduée une certaine quantité de vin décoloré.

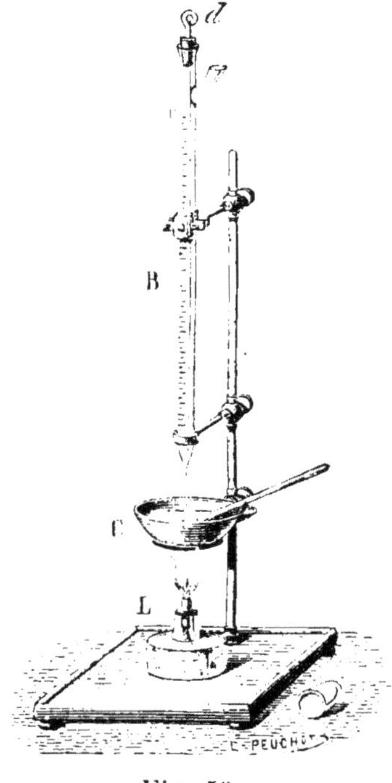

Fig. 53.

APPAREIL POUR DOSER LE SUCRE.

Cette addition de sulfate de baryte précipité, recommandée par M. L. Mathieu, permet en effet d'apprécier beaucoup plus facilement la coloration du liquide, parce que le sulfate de baryte, très lourd, retombe au fond du vase dès que l'ébullition cesse, entraîne les particules en suspension, et laisse une couche de liquide limpide dont le ton ressort très nettement lorsqu'on l'observe par transparence, le tube ou le ballon étant placé entre une feuille de papier blanc et l'œil de l'observateur tournant le dos à une fenêtre.

La liqueur bleue change rapidement d'apparence, il se forme un nuage verdâtre, puis jaune orangé, qui se précipite ensuite sous forme de poudre rouge d'oxydule de cuivre. Le sulfate de baryte aide précisément à cette précipitation et permet de mieux juger de la coloration du liquide surnageant le dépôt. On verse de nouveau du vin à essayer, goutte à goutte, en maintenant une légère ébullition et on s'arrête au moment précis où la teinte bleue a *complètement* disparu.

Le moment précis de la disparition de la couleur bleue n'est pas toujours facile à saisir. Le précipité rouge d'oxydule de cuivre est parfois si ténu, si floconneux qu'il reste en *suspension* au sein du liquide, qui ne s'éclaircit pas et il est impossible de distinguer s'il est vert, bleu ou blanc. C'est ici, précisément, que le sulfate de baryte introduit joue son rôle, il entraîne une partie du précipité, et les couches supérieures éclaircies laissent beaucoup plus nettement distinguer leur couleur.

La liqueur de Fehling employée est telle que pour précipiter tout le cuivre contenu dans ces 10^{cc} il faut $0^{gr}05$ de glucose ; si donc on a employé $15^{cc}5$ de vin, c'est que ces $15^{cc}5$ contenaient $0^{gr}05$ de glucose. Une simple règle de trois donnera alors la proportion de sucre par litre, c'est-à-dire que l'on multipliera 0,05 par 1000 et que l'on divisera par le nombre de centimètres cubes de la solution *sucrée* que l'on a employés, soit $\frac{50}{15,5} = 3^{gr}22$; on a en grammes le poids de glucose par litre.

Détermination du mouillage
et du vinage des vins.

Pour la détermination du mouillage et du vinage, 5 dosages sont indispensables, ce sont les suivants :

alcool, acidité, extrait sec, sucre, sulfate de potasse.

Nous allons donner la règle qui a été admise par le Comité consultatif des arts et manufactures, d'après les indications de M. Ch. Gauthier.

Cette règle, il est vrai, comporte des exceptions qui ne sont pas très rares. Elle a été l'objet d'attaques nombreuses et justifiées, néanmoins les intéressés feront bien de la mettre à profit et, dans le cas où ils seraient amenés à conclure au mouillage ou au vinage, nous les engageons à soumettre la question à un chimiste, qui possède des connaissances sérieuses d'œnologie. Cette règle du mouillage et du vinage peut donc, malgré sa fausseté, rendre des services sérieux en signalant les cas où des doutes doivent être émis.

Voici le texte même de cette règle prise sur la brochure d'œnologie de M. Dujardin.

Calcul du vinage.

1° *Vins rouges.* — L'expérience a démontré que dans les vins de vendange naturels, il existe un rapport déterminé entre le poids de l'extrait sec et celui de l'alcool.

Le poids de l'alcool est au maximum quatre fois et demie celui de l'extrait.

Lorsque ce rapport est dépassé (avec une tolérance de 1 10 en plus, soit 4,6) on doit conclure au vinage.

Pour déterminer le rapport on divisera le poids de l'alcool (obtenu en multipliant la richesse exprimée en volume par 0,8) par le poids de l'extrait réduit, déterminé comme nous le disons ci-dessous.

Nota. — Dans le cas des vins plâtrés ou contenant du sucre, le poids de l'extrait trouvé directement sera diminué du nombre de grammes moins 1, donné par les dosages de sucre et de sulfate de potasse.

Si, par exemple, on avait trouvé :

Extrait sec...................... 29,800
Sulfate de potasse.............. 3,100
Sucre réducteur................. 4,500

l'extrait deviendrait 29,700 − (2,100 + 3,500) = 24,100.

Le nouvel extrait s'appellera *extrait réduit*.

2° *Vins blancs*. — Pour les vins de cette nature le rapport maximum est fixé à 6,5.

A titre de renseignements on pourra se servir des indications fournies par la densité ; l'expérience a en effet montré que, dans la grande majorité des cas, la densité des vins est voisine de celle de l'eau et jamais inférieure à 0,985.

Lors donc qu'un vin aura une densité inférieure à 0,985, on pourra être certain qu'il a été viné.

Cette densité pourra être déterminée soit par la balance, soit par le densimètre, soit par l'alcoomètre qui n'est qu'un densimètre spécial (12°5 à l'alcoomètre).

Calcul du vinage accompagné de mouillage.

Dans certains cas il peut être intéressant de rechercher si un vin a été viné et mouillé, c'est-à-dire additionné d'eau : la règle suivante pourra être appliquée :

Dans tous les vins normaux la somme de l'alcool pour cent, en volume, et de l'acidité par litre, en poids, n'est presque jamais inférieure à 12,5.

L'addition d'eau affaiblit ce nombre, l'addition d'alcool au contraire l'augmente.

Lorsque l'on soupçonnera un vin d'avoir été mouillé et alcoolisé, on déterminera d'abord le rapport de l'alcool à l'extrait; si le nombre obtenu est supérieur à 4,5, on ramènera par le calcul le rapport à 4,5, et on aura ainsi le poids réel de l'alcool, et par suite la richesse alcoolique du vin naturel, la différence avec la richesse alcoolique trouvée directement représentera la surforce alcoolique; puis on fera la somme acide-alcool telle qu'elle a été précédemment définie; si le vin a été mouillé le nombre deviendra inférieur à 12,5, c'est-à-dire anormal, et le mouillage sera manifeste.

Soit, par exemple, un vin donnant :

Extrait sec par litre 14.200
Acidité par litre 3.100
Alcool (en volume), pour cent   16

$$\text{Le rapport, en poids, alcool extrait} = \frac{16 \times 08}{14.2} \quad 9.01$$

La somme alcool-acide = 19.100

En ramenant le rapport à 4,5, on a :

Poids de l'alcool naturel, $14.200 \times 4.5 = 63.900$;
Richesse alcoolique correspondante, $63.900 : 0,8 \quad 7.99$;
Surforce alcoolique, $16 - 7.99 = 8.01$;
La somme alcool-acide devient, $7.99 + 3.100 \quad 11.090$.

On se trouve donc en présence d'un vin dont le rapport alcool-extrait, déterminé directement, est supérieur à 4,5 et dont la somme alcool-acide, corrigée du vinage, est inférieure à 12,5, et l'on doit conclure à une double addition d'eau et d'alcool.

En règle générale, lorsque la somme alcool-acide directe est comprise entre 18 et 19 ou supérieure à ce chiffre, il y a une grande *présomption* de vinage.

Pour avoir une *certitude*, les procédés de recherche sont assez compliqués, pour qu'il soit nécessaire de recourir à un chimiste, qui seul peut trancher définitivement la question.

Colorimétrie des vins.

L'intensité colorante d'un vin influe considérablement sur sa valeur marchande, surtout s'il s'agit de vins dits *de coupage*. Tel est le cas pour un grand nombre de vins du Midi et certains vins étrangers employés pour remonter et colorer des vins faibles en alcool et en couleur du Centre et de l'Est.

On doit à M. Salleron un appareil à la fois simple et pratique, permettant de déterminer et la

Fig. 54. — Vinocolorimètre de J. Salleron.

nature de la coloration et son intensité. Les vins sont violets, rouge groseille ou pelure d'oignon, ou présentent un mélange de ces diverses teintes.

M. Salleron a donc commencé par choisir parmi les gammes ou cercles chromatiques, que Chevreul a créés aux Gobelins, pour y enfermer toutes les nuances les plus variées des couleurs du spectre, celles parmi lesquelles pouvaient rentrer toutes les couleurs des vins. Il a remarqué que les couleurs des vins rouges étaient comprises entre ce que Chevreul appelait violet rouge et le troisième rouge. Entre ces deux teintes et en les comprenant, il y a donc 10 couleurs différentes, qui sont :

1°		Violet rouge.	6°	5°	Violet rouge.
2°	1er	Violet rouge.	7°		Rouge.
3°	2°	—	8°	1er	Rouge.
4°	3°	—	9°	2°	Rouge.
5°	4°	—	10°	3°	Rouge.

Ces dix couleurs et leurs désignations actuelles, qui composent une véritable gamme vino-colorimétrique, ont servi à M. Salleron à dénommer toutes les couleurs des vins et aussi à en déterminer l'intensité.

Il a fait teindre une série de rubans de satin de soie, échantillonnés d'après les types des Gobelins, et correspondant aux couleurs indiquées précédemment. Des disques découpés dans ces rubans ont été collés sur une bande de carton, et disposés les uns au-dessous des autres en suivant l'ordre indiqué plus haut : à côté de ces disques colorés, on a collé une autre série de disques semblables en satin blanc.

Comment va-t-on se servir de cette gamme chromatique pour en faire un colorimètre ? M. Salleron lui adjoint une petite lunette, composée d'un godet en cuivre argenté et à fond de verre, dans lequel entre un tube de même métal, fermé lui-même par un disque de verre. L'écartement des deux verres est variable au moyen d'un pas de vis; de sorte qu'en versant du vin dans le godet extérieur, l'épaisseur de la couche vineuse interposée entre les deux verres est aussi variable.

C'est une modification de l'ancien colorimètre de Payen: mais on peut mesurer avec précision l'épaisseur de la couche liquide, puisque l'écartement des deux glaces s'obtient au moyen d'une vis micrométrique.

Ce colorimètre est fixé sur un petit support incliné à 45°. Une seconde lunette, semblable à la première, dont les deux disques de verre sont fixes, est placée sur le même support, à côté de la première et à une distance à peu près égale à celle de l'écartement des yeux.

Pour se servir de l'appareil, on opère de la façon suivante :

Dans la lunette à verres mobiles (colorimètre), on verse quelques centimètres cubes de vin. On fixe l'appareil sur le support et on fait glisser sous ce dernier la gamme colorée.

En regardant dans les deux lunettes à la fois, on voit du côté de la lunette fixe une des teintes de la gamme chromatique, de l'autre, la teinte du vin qui apparaît sur le disque de satin blanc. Le plus souvent, ces deux teintes sont différentes, il faut obtenir leur parfaite ressemblance.

Si la teinte du vin est trop intense, on enfonce en tournant la vis micrométrique le tube intérieur dans le vin, afin de diminuer l'épaisseur de la couche vineuse.

Quand l'intensité est à peu près égale au ton de

la gamme, on fait glisser cette gamme sous les lunettes, afin de changer le disque observé, et l'on trouve bientôt celui qui présente exactement la même couleur. A ce moment, si les deux disques sont absolument identiques comme couleur et comme hauteur de ton, l'instrument donne la dénomination complète du vin observé au point de vue de sa coloration.

La gamme nous indique, par exemple, que le *nom* de la couleur est le 4ᵉ Violet rouge, on lit alors l'épaisseur de vin, marquée par la vis micrométrique. Le pas de cette vis est de 1 millimètre subdivisé en 100 parties, en sorte que chaque division de l'échelle correspond à un centième de millimètre. Si l'intensité de la couche vineuse est de 150, nous en déduirons que, sous l'épaisseur de 150 centièmes de millimètre, le vin présente la même intensité que la gamme des Gobelins prise pour type.

En abrégeant, M. Salleron dénomme ce vin : 4ᵉ Violet rouge — 150.

Pour ne voir que les deux disques, on intercale entre les yeux et le colorimètre, un écran conique, qui garantit la vue de toute influence étrangère (Fig. 52).

Il faut bien se rappeler que *les intensités sont en raison inverse des épaisseurs;* par conséquent, plus le chiffre indiquant l'intensité sera faible, plus le vin sera riche en matières colorantes et réciproquement.

Couleur des vins.

Une belle couleur est déjà pour un vin un indice précieux de sa bonne composition. Ainsi s'explique l'importance qu'elle prend dans l'appréciation commerciale de la valeur des vins. Cette matière colorante est contenue dans les cellules de la peau du grain. Cette peau est formée de trois ou quatre couches de cellules superposées à parois épaisses par rapport à celles de la pulpe. Elles contiennent des tannins, des matières colorantes, des huiles essentielles donnant le bouquet, des sels minéraux. C'est dans les cellules de la partie interne de la pellicule que se trouve surtout la matière colorante. C'est pourquoi, lorsqu'on écrase un grain de raisin rouge, à l'exception de quelques cépages particuliers, le jus qui s'en écoule est incolore ou faiblement coloré. C'est ce qui permet de préparer des vins blancs avec du raisin rouge en laissant fermenter le jus seul séparé des pellicules.

Durant la fermentation, les cellules de la pellicule éclatent, se vident, leur contenu coloré, surtout soluble dans l'eau alcoolisée, beaucoup plus que dans l'eau pure, entre en dissolution dans le moût.

L'élévation de température produite par le travail des levures active encore cette dissolution, ainsi que l'acidité du moût qui lui donne son éclat.

Aussi quand ces acides font défaut, ou sont en faible proportion, par excès de maturation, par exemple, la couleur ternit et passe au vert brunâtre.

La constitution chimique de cette matière colorante est encore mal connue.

D'après M. Gautier, les vins rouges contiendraient trois sortes de matières colorantes, l'une *jaune* résistant très longtemps à l'oxydation et qui persiste indéfiniment dans les vins, l'autre *rouge* variant pour chaque cépage, insoluble dans l'eau, ayant les caractères des tannins ; la troisième *violette* qui serait le sel ferreux de la précédente. Tous ces corps ont des propriétés acides et M. Gautier leur donne le nom d'acides œnoliques.

Dans les vins blancs, la matière colorante jaune existe seule.

Dans la cuve, la couleur se précipite par suite d'une oxydation intense. L'oxygène de l'air a d'ailleurs le même effet. De même, avec l'âge, les vins gardent la coloration jaune, celle des trois colorations qui est la plus résistante. Enfin le collage détermine la précipitation d'une partie des acides œnoliques, puisque nous savons qu'ils possèdent des propriétés analogues à celles des tannins.

Extraits et essences

Un autre genre de falsification qui, pour n'être pas proscrit par la loi, n'en est pas moins blâmable, est celui qui consiste à ajouter au vin des extraits ou essences retirées des plantes, dans le but d'imiter plus ou moins le bouquet des vins de qualité et de faire passer des vins ordinaires pour des vins supérieurs. Certes, un gourmet ne s'y trompera pas, mais chacun sait qu'il y a plus d'amateurs que de connaisseurs.

Les principales substances ajoutées pour aromatiser le vin sont : l'*iris de Florence*, les *feuilles de laurier-cerise*, l'*essence d'amandes amères*, l'*absinthe*, les *extraits de cassis*, de *framboise*, d'*orange*.

Il est aujourd'hui démontré que la plupart de ces substances sont loin d'être inoffensives et les expériences de MM. Laborde et Mayan ont montré toute la toxicité des bouquets dits *huiles de vin, essences pour liqueurs, etc.* Cependant, ces produits font en Allemagne et même en France, l'objet d'un commerce nullement déguisé, au point que des voyageurs visitent continuellement les négociants en vins et leur fabriquent même, séance tenante, avec ces produits tous les vins connus en n'employant qu'un seul et même vin. Nous citerons même un Institut œnologique célèbre, celui de Klosterneuburg, près Vienne, où l'on enseigne couramment à préparer certains extraits ou éthers œnanthiques pouvant reproduire les bouquets des vins les plus renommés.

La recherche de ces produits est sinon impossible, du moins extrêmement difficile, car il a été encore fait peu d'essais dans ce sens. Le seul procédé applicable facilement, et qui permet avec un peu d'habitude de reconnaître les parfums employés, est le *procédé Süsskind.* On ajoute au vin une petite quantité d'éther pur, on agite le tout fortement, on décante. L'éther dissout les parfums et révèle à un nez connaisseur le parfum ajouté, *s'il l'est en proportions un peu considérables.* Si ces produits ne sont pas ajoutés en excès, un expert, même très connaisseur, doit s'y tromper.

Coloration artificielle.

C'est certainement la fraude la plus généralement pratiquée. Son but est d'enrichir la couleur naturelle, souvent très faible des vins, surtout de ceux de deuxième cuvée, par l'addition de produits colorants, d'origine animale, végétale ou minérale.

Il est assez facile de constater cette adultération ;
la grande difficulté est de déterminer la nature du
colorant employé. Or, la question principale est
surtout de savoir si la coloration d'un vin est naturelle, le fait d'être artificielle suffisant pour que
le vin soit déclaré inacceptable, quel que soit
d'ailleurs le colorant employé. Nous résumons,
dans le tableau ci-après, les principaux essais
qui permettent de reconnaitre la coloration artificielle des vins :

RÉACTIFS	VIN NATUREL	VIN COLORÉ ARTIFICIELLEMENT
1° **Sous-Acétate de plomb.** — 8cc de solution à 10%, dans 20cc de vin ; on agite et on filtre.	Le précipité est bleu gris, verdâtre clair.	Précipité vert foncé, vert rougeâtre, rouge gris. *Vin suspect.*
2° **Ammoniaque.** — On rend alcalins. jusqu'à ce que du papier rouge de tournesol vire au bleu, 20cc de vin. On en verse quelques gouttes dans une soucoupe blanche.	Les gouttelettes sont bleu-verdâtre, vertes ou jaunâtres.	Elles sont rouges, brunes ou noires. *Vin suspect.*
3° **Alcool amylique.** — On rend alcalins par l'ammoniaque 100 gr. de vin, on y verse 20 gr. d'alcool amylique pur et neutre au tournesol, on agite et laisse reposer.	L'alcool reste incolore.	Il se colore en rouge par la présence d'un colorant minéral.
4° **Éther.** — 20cc de vin et 20cc d'éther. On agite et laisse reposer.	Éther incolore.	Éther jaune-violet ou bien tourne au rouge par un peu d'ammoniaque.
5° **Alun et Acétate de plomb.** — Dans 20cc de vin, additionnés de 20cc de solution saturée d'alun, on verse lentement un peu d'une solution concentrée d'acétate de plomb neutre, jusqu'à ce qu'il ne se forme plus de précipité.	Le liquide filtré a une couleur vineuse.	Le liquide filtré est bleu, violet ou groseille.
6° **Laine.** — On fait bouillir un écheveau de laine blanche, bien lavée, avec 500cc de vin environ. On lave à l'eau distillée.	La couleur est lie de vin faible : on traite alors cette laine par l'ammoniaque, elle devient jaune verdâtre.	Traitée par l'ammoniaque, elle devient de toute autre couleur.
7° **Borax.** — On mélange à 2cc de vin 4cc de solution *saturée* de borax.	Coloration gris-bleuâtre fleur de lin ou gris-bleu légèrement verdâtre.	Coloration lilas ou variant du rose au lilas franc.

Les matières colorantes d'origine végétale sont très nombreuses. Voici les plus employées : les *baies d'hièble* et de *sureau*, qui fournissent un vin rouge marron très foncé, devenant rouge vineux sous l'influence de l'acide tartrique ou de l'alun ; les *baies de troëne*, moins employées que les précédentes et dont la matière colorante, ajoutée depuis peu au vin, lui communique une couleur cramoisie et après fermentation une couleur rouge de vin vieux ; les *baies de Phytolacca decandra*, appelées dans le commerce *raisin d'Amérique*, qui fournissent un vin rouge carmin-violacé superbe, mais qui contient des principes drastiques, fortement purgatifs, puisque deux cuillerées de ce suc purgent fortement ; les *baies de myrtille* qui, séchées, donnent par fermentation, un vin d'un beau rouge bleuâtre, de saveur aigrelette légèrement astringente ; les *fleurs de rose trémière noire* qui, desséchées, conservent un pouvoir colorant remarquable donnant, après fermentation dans la cuve ou en infusion dans le vin blanc, une coloration violet vineux foncé qui, bientôt, se ternit ; elles communiquent au vin une odeur et une saveur désagréables ; le *bois de campêche* qui donne par décoction avec une eau calcaire additionnée d'alun un liquide d'une belle couleur rouge violacé, passant rapidement à la teinte du vin vieux, il communique au vin une saveur astringente assez désagréable ; le *bois de Fernambouc* ou *bois du Brésil* qui, par décoction avec de l'alcool, donne une liqueur rouge jaunâtre assez intense, qui a les mêmes inconvénients que celle de campêche ; enfin les *mûres* et la *betterave rouge*, cette dernière autrefois très employée seule, aujourd'hui elle sert à masquer plus ou moins la fuchsine et la cochenille.

Les matières colorantes d'origine animale sont presque exclusivement la *cochenille*, fournie par de petits insectes hyménoptères et vendue soit en galettes comprimées, soit en solution concentrée.

Les matières colorantes d'origine minérale sont dérivées des goudrons de houille : ce sont la *fuchsine*, les sels de *rosaniline*, les rouges et violets d'*aniline*, la *safranine*, etc. On les emploie, seules ou mélangées à d'autres colorants rouges ou jaunes, caramel, extrait de betterave, cochenille.

Ces colorants minéraux qui, sous les noms de rouge pour Bourgogne, teinte pour Bordeaux, colorine, caramel, etc., nous viennent surtout d'Allemagne, ne sont encore que trop employés ; leur emploi est doublement condamnable, d'abord parce qu'il constitue une fraude, ensuite et surtout, parce qu'en raison des composés arsenicaux qui servent à leur préparation, ces substances sont nuisibles à la santé du consommateur.

S'il est vrai que la fuchsine *pure*, sans arsenic, est inoffensive, il faut ajouter, avec le professeur Gautier, que la fuchsine pure n'existe pour ainsi dire pas dans le commerce et que celle même, qui est cristallisée, peut être salie par des dérivés azoïques, dont l'action sur l'économie est infiniment plus nuisible que celle de la fuchsine elle-même. On ne peut même arguer de la faible proportion de la matière employée, car on a trouvé dans des vins fuchsinés de 0^{gr}0008 à 0,08 d'acide arsénieux par litre !

Loi Griffe

Nous terminerons ces quelques notions sur les dosages et la recherche des principales adultérations du vin en reproduisant la loi promulguée le 22 juillet 1891, *tendant à réprimer les fraudes dans la vente des vins* (loi Griffe) :

ARTICLE PREMIER. — L'article 2 de la loi du 14 août 1889 est ainsi modifié :

Les produits de la fermentation des marcs de raisins frais avec de l'eau, qu'il y ait ou non addition de sucre, le mélange de ce produit avec le vin, dans quelque proportion que ce soit, ne pourra être expédié, vendu ou mis en vente que sous le nom de vin de marc ou vin de sucre.

ART. 2. Constitue la falsification de denrées alimentaires, prévue et réprimée par la loi du 27 mars 1851, toute addition au vin, au vin de sucre ou de marc, au vin de raisins secs :

1° De matières colorantes quelconques ;

2° De produits tels que les acides sulfurique, nitrique, chlorhydrique, salicylique, borique ou autres analogues ;

3° De chlorure de sodium au-dessus de 1 gramme par litre.

ART. 3. — Il est défendu de mettre en vente, de vendre ou de livrer des vins plâtrés contenant plus de 2 grammes de sulfate de potasse ou de soude par litre.

Les délinquants seront punis d'une amende de 16 à 500 francs, et d'un emprisonnement de six jours à trois mois, ou de l'une de ces deux peines, suivant les circonstances.

Ces dispositions ne seront applicables aux vins de liqueurs que deux ans après la promulgation de la présente loi.

Les fûts ou récipients contenant des vins plâtrés devront en porter l'indication en gros caractères. Les livres, factures, lettres de voitures, connaissements, devront contenir la même indication.

ART. 4. — Les vins, les vins de marc ou de sucre, les vins de raisins secs seront suivis, chez les marchands en gros ou en détail et chez les entrepositaires, au moyen de comptes particuliers et distincts. Ils seront tenus séparément dans les magasins.

ART. 5. — Les registres de prise en charge et de décharge des acquits-à-caution et les bulletins 6 E formés pour les laissez-passer, énonçant les envois supérieurs à 200 kilogrammes de raisins secs, seront conservés pendant trois ans dans les bureaux des directions et sous-directions ; ils seront communiqués sur place à tout requérant, moyennant un droit de recherche de 50 centimes.

Les demandes de sucrage à taxe réduite, faite en vue de la fabrication des vins de sucre, définis par l'article 2 de la loi du 14 août 1889, sont conservées pendant trois ans à la direction ou à la sous-direction des contributions indirectes, ainsi que les portatifs et registres de décharge des acquits-à-caution après dénaturation des sucres. Elles sont communiquées à tout requérant, moyennant un droit de recherche de 50 centimes par article.

ART. 6. — La présente loi et la loi du 14 août 1889 sont applicables à l'Algérie et aux colonies.

CHAPITRE XIX

La France et la production vinicole dans le monde

C'est incontestablement à la France que revient le premier rang dans la production vinicole du monde entier et cela autant pour la qualité que pour la quantité de ses vins. Malgré les ravages du phylloxera, malgré les innombrables ennemis qui s'abattent sur la vigne, grâce à l'énergie de nos vignerons, aux efforts prodigieux déployés pour la reconstitution et la défense des vignobles, notre pays a gardé intacte cette suprématie toujours incontestée.

Productions annuelles des vins rouges et blancs en France depuis le commencement du siècle.

Années	Hectolitres	Années	Hectolitres
1788	25.000.000	1856 (oïdium)	21.294.000
1808	28.000.000	1857 —	35.410.000
1827	36.819.000	1858 —	45.805.000
1829	30.973.000	1859 —	53,910,000
1830	15,282.000	1860	39,558,450
1835	26.476.000	1861	29,788.243
1840	45.486.000	1862	37.110,080
1845	30.140.000	1863	51.371.875
1847	54.315.000	1864	50,653.364
1850	45.266.000	1865	68.924.961
1852 (oïdium)	28.636.500	1866	63.917.341
1853 —	22.662.000	1867	38.869.479
1854	10,824.000	1868	50.109.504
1855 —	15.750.000	1869	71.375,965

Années	Hectolitres	Années	Hectolitres
1870	53.537.942	1885	28,536,151
1871	57.084.054	1886	25.063,345
1872	50.528,182	1887	24.333,284
1873	35.769,617	1888	30.102,151
1874	63.146.125	1889	23,223,572
1875	83.632.391	1890	27.416,327
1876	42,846.748	1891	30,139,555
1877	56.405.363	1892	29,082,134
1878	48.720.553	1893	50,069,770
1879	25.769,552	1894	39.052,809
1880	29.677.472	1895	26,687,575
1881	34.138.715	1896	44,656,153
1882	30.886.352	1897	32,350,722
1883	36.029.182	1898	32.282,359
1884	34.780.726		

Moyenne de 1894 à 1898 :
35,005,924 hectolitres.

Hectares emplantés en vignes en 1898 :
1,706,513.

La France, en y comprenant l'Algérie, la Tunisie, la Corse, a produit en 1898 : 37,874,059 hectolitres de vin.

Soixante et un départements concourent très inégalement, il est vrai, à cette énorme production moyenne de 40 millions d'hectolitres. Il s'en faut aussi que la qualité de tous ces vins soit comparable et les prix varient dans des proportions considérables, suivant les régions d'origine.

En toute première ligne, il faut d'abord citer les vins de la Côte-d'Or, si bien nommée, de cette longue chaine montagneuse, aux reliefs peu accentués et qui porte sur ses flancs, hélas ! trop étroits, les plus célèbres vignobles du monde.

On peut la partager en trois zones, la côte de Dijon, la moins célèbre, la moins favorisée, celle de Nuits, la première peut-être, avec les vignobles fameux de Meursault, Saint-Georges, Clos Vougeot, Chambolle, Corton, Vosne, Romanée-Conti, Aloxe, Musigny, etc. ; celle de Beaune, avec les vignobles non moins fameux de Volnay, Pommard, Goutte-d'Or, Clos Tavanne, Chassagne, etc.

A tous ces crûs classés, issus de *clos* tous plantés en *pinots*, il faut ajouter les produits de plus modestes *cuvées*, emplantées en *gamays* et qui ne rappellent que de bien loin ceux des clos cependant si voisins. Malheureusement, tous ces clos ont le double défaut d'être exigus et de médiocre fertilité.

En continuant vers le sud, on pénètre dans le Rhône, et on trouve les vignobles du Beaujolais dont les vins sont remarquables par leur bouquet, leur éclat et leur saveur fraîche. Les plus célèbres d'entre eux, les Fleurie, Thorins, Moulin à Vent, Villié-Morgon, Brouilly, Quincié, sont presque dignes de figurer à côté des grands Bourgognes.

Plus au midi encore, à une trentaine de kilomètres de Lyon, viennent les vignobles des côtes du Rhône, dont les célèbres Côte-Rôtie, Ermitage, ont payé un lourd tribut au terrible fléau du phylloxera.

Si nous passons au vignoble bordelais, nous trouvons là, dans la Gironde, près de 200,000 hectares de vignes, merveilleusement cultivées et dont les vins sont plus que partout ailleurs l'objet de soins habiles et savants. On peut partager ces vins en Médoc, Graves, Sauterne, Saint-Emilionnais, Fronsadais, Cubsadais, Blayais et Entre-deux-Mers.

Le *Médoc* occupe au nord-ouest de Bordeaux l'arrondissement de Lesparre et une partie de celui de Bordeaux. C'est incontestablement le plus célèbre vignoble du Bordelais, avec les crûs fameux de Château-Lafite (75 hectares), Château-Latour (80 hectares), Château-Margaux (80 hectares). A côté de ces crûs royaux, il en est d'autres de moins haut rang, certainement, mais dignes de leurs voisins.

Les *Graves* s'étendent depuis Bordeaux jusqu'à la petite rivière de Jale (rive gauche de la Garonne) sur une étendue de 20 kilomètres et de là, jusqu'à Castres. Ces vins, plus colorés, plus corsés, plus spiritueux que les précédents, ont moins de bouquet et vieillissent moins vite. Le Haut-Brion, le Château-Pape-Clément, Château-Materre, Château-La Ferrade, Thouars, etc., en sont les plus beaux spécimens.

Les *Petits-Graves* qui comprennent presque tout le Bordelais, sont des vins ordinaires, blancs ou rouges, d'excellente qualité moyenne.

Les *Sauternes*, vins blancs remarquables, produits de vendanges fractionnées, où chaque grappe n'est détachée du cep qu'à parfaite maturité. A leur tête, le Château-Yquem, dont le prix atteint certaines années 6, 8 et 10,000 francs le tonneau.

Les *Saint-Emilionnais* ne représentent pas moins de 2,000 hectares de vignes. Les vins dits de Saint-Emilion sont « de couleur foncée, brillante, veloutée, avec légère amertume, généreux, pleins de corps et de bouquet ». Ils se conservent bien et vieillissent lentement.

Le reste du Bordelais, pour n'avoir pas la célébrité des crûs précédents, n'en fournit pas moins d'excellents vins marchands qui ont contribué à assurer la réputation du Bordeaux, le plus connu et, hélas! le plus falsifié des vins du monde.

Le *Midi* est le grand centre vignoble de France. L'Hérault, le Gard, l'Aude et les Pyrénées-Occidentales fournissent à eux seuls plus de la moitié des vins de notre pays. Ce ne sont pas les meilleurs ; vins communs de consommation courante, très employés en coupage, c'est la boisson du plus grand nombre.

La *Franche-Comté* possède d'excellents vignobles, aux vins légers de couleur, pleins de bouquet et généreux. Malheureusement, au point de vue de la culture de la vigne, comme de la vinification, il reste beaucoup à apprendre pour la généralité de ses viticulteurs. De plus, la rigueur du climat rend, en raison des gelées tardives qui, trop souvent dévastent ces vignobles, leur rendement incertain et médiocre.

La *Touraine*, le *Bourbonnais*, le *Nivernais*, le *Berry*, l'*Auvergne* fournissent des vins frais, parfois même verts et un peu âpres, constituant de bons ordinaires ou fournissant, avec les vins du Midi, d'excellents coupages.

Enfin, nous mentionnerons l'*Algérie* et la *Tunisie* dont la production, déjà considérable, va sans cesse croissant et dont les vins, malgré les difficultés de la vinification sous un climat brûlant, malgré le choix souvent malheureux des cépages, vont toujours s'améliorant. Plus que tout autre, ces pays tireront un parti avantageux des nouvelles méthodes de vinification.

Reste la *Corse*, dont les vignobles fourniraient des vins excellents, certains mêmes de toute première qualité, susceptibles, comme j'ai pu l'observer, de rivaliser avec des vins *classés* du continent, si malheureusement la culture de la vigne et surtout la vinification n'y étaient pas mal conduites.

Presque partout, au contraire, les méthodes employées sont restées celles des premiers âges et le vin mal fait, mal soigné, devient rapidement une boisson acidule, qui n'a plus du vin que le nom et pas toujours la couleur.

Tableau comparé des productions annuelles des vins dans les divers pays en 1898.

	Hectolitres		Hectolitres
France	32.282.359	Turquie et Chypre	1,600,000
Italie	31.500.000	Grèce et iles	1,100,000
Espagne	24.750.000	Suisse	1,100,000
Algérie	5.221,700	Hongrie	900,000
Roumanie	3.900.000	Serbie	800,000
Russie	3.120.000	Corse	250,000
Bulgarie	2.600.000	Açores, Canaries,	
Portugal	2.100.000	Madère	235,000
Autriche	1.900.000	Tunisie	120,000
Allemagne	1.800.000		

Après la France vient l'Italie, qui nous suit de près, avec ses 31 millions d'hectolitres. La viticulture et la vinification y ont fait des progrès considérables. De grandes écoles d'œnologie et de viticulture, dirigées par des maîtres excellents, ont vulgarisé les connaissances scientifiques indispensables au viticulteur digne de ce nom. Les vins italiens bien faits, de belle couleur, très corsés font l'objet d'une exportation considérable, et concurrencient avantageusement les nôtres sur les marchés étrangers.

L'Espagne vient en troisième rang avec 25 millions d'hectolitres. Ces vins, dont le plus souvent la vinification a été mal conduite, sont généralement très alcooliques, très corsés : trop souvent ils sont vinés d'alcools industriels, de grains, betterave ou pomme de terre. Les plus connus, Xérès, Malaga, Alicante, etc., sont des vins de liqueur obtenus par une vinification spéciale.

Le Vin et l'Alcoolisme.

Tous les autres pays du monde n'entrent que pour une part minime dans la production vinicole totale, qui représente pour les trois grands pays latins une source inépuisable de richesses, que leur jalousent les pays plus septentrionaux.

Peut-être même ne faut-il pas chercher ailleurs que dans un sentiment d'envie assez compréhensible, sinon excusable, la raison de la campagne ardente qui se poursuit en ce moment contre l'usage du vin, dans les pays du Nord et du Centre de l'Europe, où cependant on en consomme relativement assez peu.

Sous prétexte de lutte contre l'alcoolisme, on en est venu à proscrire comme dangereux, l'usage même modéré du vin, pour lui substituer le thé, le café, voire l'eau pure; certains moins intolérants veulent bien permettre la bière. Que les commerçants anglo-saxons, qui tiennent en main le marché des thés et des cafés, que les Allemands, grands producteurs de bière, soutiennent cette lutte à grand renfort de brochures, conférences, congrès, rien de plus naturel. Que des Français s'en mêlent et que, sans que rien autre chose les puisse excuser, qu'une vague conviction sans fondements scientifiques, ils fassent une guerre en règle à l'usage du vin, ceci s'explique moins. Car, sans s'en douter, si tant est qu'ils soient sincères, ils font un tort énorme à la cause très juste qu'ils prétendent défendre. Certes, la guerre à l'alcoolisme s'impose. Mais on peut accepter, comme démontré par des statistiques multiples, l'axiome suivant : « Population vigneronne, population sobre. Population privée de vin, population ayant des tendances à l'alcoolisme. » J'ai eu trop souvent l'occasion de comparer à ce point de vue nos braves vignerons de Bourgogne avec les paysans normands ou bretons, pour douter un instant de son absolue vérité. Le tableau ci-dessous en est encore une preuve éloquente.

Départements où on boit le MOINS de vin.

Eure	22 litres		Mayenne	13 litres
Seine-Inférieure	21 —		Nord	13 —
Somme	19 —		Pas-de-Calais	12 —
Morbihan	18		Orne	12 —
Ille-et-Vilaine	17 —		Manche	8 —
Finistère	17 —		Côtes-du-Nord	7 —
Calvados	14			

Ces départements font usage, comme boissons, de cidre ou de bière, dans la proportion de 150 à 200 litres environ par habitant.

Ceux d'entre eux qui ne figurent pas dans le tableau ci-dessous, consomment cependant plus d'alcool que les départements viticoles, dont la moyenne de consommation ne dépasse, le plus souvent, pas 2 litres.

Départements où on boit le PLUS d'alcool.

Seine-Inférieure	15 lit. 88		Seine-et-Marne	8 lit. 62
Calvados	14 — 12		Seine-et-Oise	8 — 03
Eure	12 14		Mayenne	7 — 41
Somme	11 77		Finistère	6 — 83
Oise	10 64		Sarthe	6 — 23
Eure-et-Loir	9 — 23		Ille-et-Vilaine	6 — 09
Manche	9 00		Vosges	6 — 08
Paris	8 — 72			

Que l'on compare les chiffres de la consommation d'alcool dans les pays *vignobles*, et dans ceux où on ne connaît que le cidre ou la bière, et on conclura avec moi : le vin est l'antidote efficace de l'alcool.

Ceux-là donc vont directement contre le but très louable qu'ils proposent à leurs efforts, qui dans la lutte contre l'alcoolisme, englobent dans une même proscription l'alcool et le vin.

Bien au contraire, et au nom même de la tempérance, il faudrait favoriser la diffusion du vin dans les masses ouvrières; ouvrir à celui-ci et dans la plus large mesure, notre marché intérieur, par la suppression de toutes les barrières fiscales, derniers restes d'un autre âge.

Déjà la loi du 19 juillet 1880 a ouvert la voie en diminuant les droits de circulation, d'entrée et de détail. En 1895, la Chambre a voté un projet de loi rejetant tous les droits sur les boissons hygiéniques, projet malheureusement amendé par le Sénat, qui laissa subsister un droit général de circulation. Enfin, la loi du 29 décembre 1897, relative à la suppression des taxes d'octroi perçues par les villes sur les boissons hygiéniques, fait espérer que l'Etat finira par abandonner la perception des taxes qui lui reviennent. Une détaxe absolue, la libre circulation des vins, amenant partout l'usage de cette boisson, feraient plus contre l'alcoolisme, que des manifestations platoniques, d'éloquentes conférences, des brochures polyglottes que personne ne lit, surtout parmi les intéressés. Mieux vaudrait cent fois la création de restaurants, cantines où, avec une nourriture saine, on donnerait à l'ouvrier des villes, victime désignée de l'alcoolisme, non pas de l'eau, comme dans les *tempérance-hôtels*, au sortir desquels le consommateur s'empresse de courir au bar le plus proche, mais un vin sain, naturel et non viné, vendu en quantités modérées.

L'excès en tout est un défaut. Proscrire l'alcool est bien, toutes les boissons alcooliques est trop. Rien ne justifie cette proscription. Les plus grands savants ont attesté l'innocuité et souvent même la valeur hygiénique du vin pris à doses modérées. Laissons donc aux *teetotalers* anglais ou germains le thé, les cafés plus ou moins hygiéniques, cafés de figues ou de dates, la bière qu'ils ingurgitent au nom de la tempérance, quittes, une fois dans l'intimité, à savourer ce qu'ils proscrivent tout haut et. Français, buvons nos vins de France, dont le plus grave défaut est peut-être qu'ils n'ont vu le jour ni sur la terre brumeuse d'Albion, ni dans les plaines stériles et déshéritées de l'Allemagne du Nord, ni dans les neiges de la Scandinavie : les pays les moins alcooliques du monde, comme chacun sait !

TABLE DES MATIÈRES

Dijon, imp. Jacquot et Floret.

Nous croyons devoir rappeler à **MM. les Viticulteurs que :**

sont tout aussi recommandées pour les vins de marque que pour les vins communs, dont elles augmentent toujours la **richesse alcoolique** de 1 à 2 degrés, la **finesse**, le **bouquet**, la **plus-value marchande** et en assurent la **clarification rapide,** la limpidité absolue, etc.

    Les Levures sélectionnées. annihilant tous ferments sauvages et pathogènes des vins, les préservent de toutes maladies (acescence, graisse, tourne, pousse, casse, etc.) et en garantissent la conservation parfaite.

    Avec les levures sélectionnées la vinification est toujours régulière par tous les temps: 1° **années chaudes :** pas de refermentation comme il arrive pour les vins non levurés restés doux: 2° **années pluvieuses :** fermentation rapide, vins excellents malgré les ferments naturels entraînés par les pluies: 3° **années froides :** réussite certaine, même avec des raisins encore verts.

    Le goût foxé des cépages américains, celui non moins désagréable des vignes atteintes de Mildiou, Blackrot, etc., disparaissent complètement sous l'influence des levures qui ont fait des vins d'excellente qualité.   R. DE L.

IMPORTANTE DÉCOUVERTE

Perfectionnement absolu des vins par les glucosides extraits des feuilles de vigne originaires des grands crûs de marque. (Communication à l'Académie des Sciences en 1897 et le 6 février 1899).

AVIS. — La brochure donnant les résultats obtenus aux dernières vendanges est expédiée gratuitement sur demande par carte à

M. G. JACQUEMIN, CHIMISTE-MICROBIOLOGISTE

à MALZÉVILLE, près Nancy (Meurthe-et-Moselle)

Librairie L. VENOT

1, place d'Armes, DIJON

— ≻✦≺ —

CONTOUR. — **Le Cuisinier bourguignon**, 2ᵉ édition, in-8°
broché. . . . . **3 fr. 50**
  Le plus simple et le plus pratique des livres de cuisine.

Carte de la Côte-d'Or et des Départements limitrophes
au 200.000ᵉ. collée sur toile, montée gorge et rouleau, vernie. —
Prix . . . . **14 fr.**

BONNAMAS. **Plan de la ville de Dijon** au 8.000ᵉ, une feuille
raisin. . . . . **1 fr.**

BONNAMAS. — **Plan des environs de Dijon** au 50.000ᵉ, tiré en
couleurs, une feuille jésus . . . . **1 fr. 75**

CHABEUF (H). — **Dijon à travers les âges**, in-8° broché, orné de
nombreuses photogravures, planche en couleur . . . . **6 fr.**

BIBLIOTHÈQUE RURALE

Librairie Papeterie
LIVRES de LUXE
Editions d'Amateurs
Fournitures de Bureaux et de Classe.
DIJON · nord
LIBRAIRIE PAPETERIE
LIBRAIRIE PAPETERIE
Place d'Armes, 1.
L. MENOT
IMPRIMERIE
ACHAT et VENTE de LIVRES d'OCCASION.